재개발 재건축

장형진 저

문운당

차 례

제1편 도시 및 주거환경정비법(약칭 : 도시정비법)

[시행 2022. 2. 3.] [법률 제18830호, 2022. 2. 3., 일부개정]

* 정비구역에서 정비기반시설의 정비,주택등 건축물을 개량 건설하는 사업의 시행을 위한 특별법

*정비사업개관

1.정비기본방침
2.정비기본계획수립
3.정비구역지정
4.시행자:조합
5.사업시행계획인가
6.분양공고
7.분양신청
8.관리처분계획인가
9.철거,공사
10.준공인가
11.공사완료고시
12.대지측량,토지분할
13.소유권이전고시

제1장 총칙

제1조(목적)

이 법은 도시기능의 회복이 필요하거나 주거환경이 불량한 지역을 계획적으로 정비하고 노후·불량건축물을 효율적으로 개량하기 위하여 필요한 사항을 규정함으로써 도시환경을 개선하고 주거생활의 질을 높이는 데 이바지함을 목적으로 한다.

> * 정비사업
> 1.주거환경개선사업
> 2.재개발
> 3.재건축

제2조(정의)

이 법에서 사용하는 용어의 뜻은 다음과 같다. 〈개정 2017. 8. 9.〉

1. "정비구역"이란 정비사업을 계획적으로 시행하기 위하여 제16조에 따라 지정·고시된 구역을 말한다.
2. "정비사업"이란 이 법에서 정한 절차에 따라 도시기능을 회복하기 위하여 정비구역에서 정비기반시설을 정비하거나 주택 등 건축물을 개량 또는 건설하는 다음 각 목의 사업을 말한다.
   가. 주거환경개선사업: 도시저소득 주민이 집단거주하는 지역으로서 정비기반시설이 극히 열악하고 노후·불량건축물이 과도하게 밀집한 지역의 주거환경을 개선하거나 단독주택 및 다세대주택이 밀집한 지역에서 정비기반시설과 공동이용시설 확충을 통하여 주거환경을 보전·정비·개량하기 위한 사업
   나. 재개발사업: 정비기반시설이 열악하고 노후·불량건축물이 밀집한 지역에서 주거환경을 개선하거나 상업지역·공업지역 등에서 도시기능의 회복 및 상권활성화 등을 위하여 도시환경을 개선하기 위한 사업
   다. 재건축사업: 정비기반시설은 양호하나 노후·불량건축물에 해당하는 공동주택이 밀집한 지역에서 주거환경을 개선하기 위한 사업

3. "노후·불량건축물"이란 다음 각 목의 어느 하나에 해당하는 건축물을 말한다.
   가. 건축물이 훼손되거나 일부가 멸실되어 붕괴, 그 밖의 안전사고의 우려가

있는 건축물

나. 내진성능이 확보되지 아니한 건축물 중 중대한 기능적 결함 또는 부실 설계 · 시공으로 구조적 결함 등이 있는 건축물로서 대통령령으로 정하는 건축물

다. 다음의 요건을 모두 충족하는 건축물로서 대통령령으로 정하는 바에 따라 특별시 · 광역시 · 특별자치시 · 도 · 특별자치도 또는 「지방자치법」 제198조에 따른 서울특별시 · 광역시 및 특별자치시를 제외한 인구 50만 이상 대도시(이하 "대도시"라 한다)의 조례(이하 "시 · 도조례"라 한다)로 정하는 건축물

1) 주변 토지의 이용 상황 등에 비추어 주거환경이 불량한 곳에 위치할 것

2) 건축물을 철거하고 새로운 건축물을 건설하는 경우 건설에 드는 비용과 비교하여 효용의 현저한 증가가 예상될 것

라. 도시미관을 저해하거나 노후화된 건축물로서 대통령령으로 정하는 바에 따라 시 · 도조례로 정하는 건축물

(노후 · 불량건축물의 범위)
① 「도시 및 주거환경정비법」(이하 "법"이라 한다) 제2조제3호나목에서 "대통령령으로 정하는 건축물"이란 건축물을 건축하거나 대수선할 당시 건축법령에 따른 지진에 대한 안전 여부 확인 대상이 아닌 건축물로서 다음 각 호의 어느 하나에 해당하는 건축물을 말한다.

1. 급수 · 배수 · 오수 설비 등의 설비 또는 지붕 · 외벽 등 마감의 노후화나 손상으로 그 기능을 유지하기 곤란할 것으로 우려되는 건축물
2. 법 제12조제4항에 따른 안전진단기관이 실시한 안전진단 결과 건축물의 내구성 · 내하력(耐荷力) 등이 같은 조 제5항에 따라 국토교통부장관이 정하여 고시하는 기준에 미치지 못할 것으로 예상되어 구조 안전의 확보가 곤란할 것으로 우려되는 건축물

② 법 제2조제3호다목에 따라 특별시 · 광역시 · 특별자치시 · 도 · 특별자치도 또는 「지방자치법」 제175조에 따른 서울특별시 · 광역시 및 특별자치시를 제외한 인구 50만 이상 대도시의 조례(이하 "시 · 도 조례"라 한다)로 정할 수 있는 건축물은 다음 각 호의 어느 하나에 해당하는 건축물을 말한다.

1. 「건축법」 제57조제1항에 따라 해당 지방자치단체의 조례로 정하는 면적에 미치지 못하거나 「국토의 계획 및 이용에 관한 법률」 제2조제7호에 따른 도시 · 군계획시설(이하 "도시 · 군계획시설"이라 한다) 등의 설치로 인하여 효용을 다할 수 없게 된 대지에 있는 건축물
2. 공장의 매연 · 소음 등으로 인하여 위해를 초래할 우려가 있는 지역에 있는 건축물
3. 해당 건축물을 준공일 기준으로 40년까지 사용하기 위하여 보수 · 보강하는 데 드는 비용이 철거 후 새로운 건축물을 건설하는 데 드는 비용보다 클 것으로 예상되는 건축물

③ 법 제2조제3호라목에 따라 시 · 도조례로 정할 수 있는 건축물은 다음 각 호의 어느 하나에 해당하는건축물을 말한다.

1. 준공된 후 20년 이상 30년 이하의 범위에서 시 · 도조례로 정하는 기간이 지난 건축물
2. 「국토의 계획 및 이용에 관한 법률」 제19조제1항제8호에 따른 도시 · 군기본계획의 경관에 관한 사항에 어긋나는 건축물

4. "정비기반시설"이란 도로 · 상하수도 · 공원 · 공용주차장 · 공동구(「국토의 계획 및 이용에 관한 법률」 제2조제9호에 따른 공동구를 말한다. 이하 같다), 그 밖에 주민의 생활에 필요한 열 · 가스 등의 공급시설로서 대통령령으로 정하는 시설을 말한다.

5. "공동이용시설"이란 주민이 공동으로 사용하는 놀이터 · 마을회관 · 공동작업장, 그 밖에 대통령령으로 정하는 시설을 말한다.

(정비기반시설)
법 제2조제4호에서 "대통령령으로 정하는 시설"이란 다음 각 호의 시설을 말한다.

1. 녹지
2. 하천
3. 공공공지
4. 광장
5. 소방용수시설
6. 비상대피시설
7. 가스공급시설
8. 지역난방시설
9. 주거환경개선사업을 위하여 지정 · 고시된 정비구역에 설치하는 공동이용시설로서 법 제52조에 따른 사업시행계획서(이하 "사업시행계획서"라 한다)에 해당 특별자치시장 · 특별자치도지사 · 시장 · 군수 또는 자치구의 구청장(이하 "시장 · 군수등"이라 한다)이 관리하는 것으로 포함된 시설

(공동이용시설)
법 제2조제5호에서 "대통령령으로 정하는 시설"이란 다음 각 호의 시설을 말한다.

1. 공동으로 사용하는 구판장 · 세탁장 · 화장실 및 수도
2. 탁아소 · 어린이집 · 경로당 등 노유자시설
3. 그 밖에 제1호 및 제2호의 시설과 유사한 용도의 시설로서 시 · 도조례로 정하는 시설

6. "대지"란 정비사업으로 조성된 토지를 말한다.

7. "주택단지"란 주택 및 부대시설 · 복리시설을 건설하거나 대지로 조성되는 일단의 토지로서 다음 각 목의 어느 하나에 해당하는 일단의 토지를 말한다.

가. 「주택법」 제15조에 따른 사업계획승인을 받아 주택 및 부대시설 · 복리시설을 건설한 일단의 토지

나. 가목에 따른 일단의 토지 중 「국토의 계획 및 이용에 관한 법률」 제2조제7호에 따른 도시 · 군계획시설(이하 "도시 · 군계획시설"이라 한다)인 도로나 그 밖에 이와 유사한 시설로 분리되어 따로 관리되고 있는 각각의 토지

다. 가목에 따른 일단의 토지 둘 이상이 공동으로 관리되고 있는 경우 그 전체 토지

라. 제67조에 따라 분할된 토지 또는 분할되어 나가는 토지

마. 「건축법」 제11조에 따라 건축허가를 받아 아파트 또는 연립주택을 건설한 일단의 토지

8. "사업시행자"란 정비사업을 시행하는 자를 말한다.

9. "토지등소유자"란 다음 각 목의 어느 하나에 해당하는 자를 말한다. 다만, 제27조제1항에 따라 「자본시장과 금융투자업에 관한 법률」 제8조제7항에 따른 신탁업자(이하 "신탁업자"라 한다)가 사업시행자로 지정된 경우 토지등소유자가 정비사업을 목적으로 신탁업자에게 신탁한 토지 또는 건축물에 대하여는 위탁자를 토지등소유자로 본다.

가. 주거환경개선사업 및 재개발사업의 경우에는 정비구역에 위치한 토지 또는 건축물의 소유자 또는 그 지상권자

나. 재건축사업의 경우에는 정비구역에 위치한 건축물 및 그 부속토지의 소유자

10. "토지주택공사등"이란 「한국토지주택공사법」에 따라 설립된 한국토지주택공사 또는 「지방공기업법」에 따라 주택사업을 수행하기 위하여 설립된 지방공사를 말한다.

11. "정관등"이란 다음 각 목의 것을 말한다.

가. 제40조에 따른 조합의 정관

나. 사업시행자인 토지등소유자가 자치적으로 정한 규약

다. 특별자치시장, 특별자치도지사, 시장, 군수, 자치구의 구청장(이하 "시장 · 군수등"이라 한다), 토지주택공사등 또는 신탁업자가 제53조에 따라 작성한 시행규정

제3조(도시 · 주거환경정비 기본방침)

국토교통부장관은 도시 및 주거환경을 개선하기 위하여 10년마다 다음 각 호의 사항을 포함한 기본방침을 정하고, 5년마다 타당성을 검토하여 그 결과를 기본방침에 반영하여야 한다.

1. 도시 및 주거환경 정비를 위한 국가 정책 방향
2. 제4조제1항에 따른 도시 · 주거환경정비기본계획의 수립 방향
3. 노후 · 불량 주거지 조사 및 개선계획의 수립
4. 도시 및 주거환경 개선에 필요한 재정지원계획
5. 그 밖에 도시 및 주거환경 개선을 위하여 필요한 사항으로서 대통령령으로 정하는 사항 제2장 기본계획의 수립 및 정비구역의 지정

* 정비기본계획 1. 수립 2. 내용 3.절차: 공람–지방의회–협의–심의–고시–보고

제4조(도시 · 주거환경정비기본계획의 수립)

① 특별시장 · 광역시장 · 특별자치시장 · 특별자치도지사 또는 시장은 관할 구역에 대하여 도시 · 주거환경정비기본계획(이하 "기본계획"이라 한다)을 10년 단위로 수립하여야 한다. 다만, 도지사가 대도시가 아닌 시로서 기본계획을 수립할 필요가 없다고 인정하는 시에 대하여는 기본계획을 수립하지 아니할 수 있다.

② 특별시장 · 광역시장 · 특별자치시장 · 특별자치도지사 또는 시장(이하 "기본계획의 수립권자"라 한다)은 기본계획에 대하여 5년마다 타당성 여부를 검토하여 그 결과를 기본계획에 반영하여야 한다.

제5조(기본계획의 내용)

① 기본계획에는 다음 각 호의 사항이 포함되어야 한다.

1. 정비사업의 기본방향
2. 정비사업의 계획기간
3. 인구 · 건축물 · 토지이용 · 정비기반시설 · 지형 및 환경 등의 현황
4. 주거지 관리계획
5. 토지이용계획 · 정비기반시설계획 · 공동이용시설설치계획 및 교통계획
6. 녹지 · 조경 · 에너지공급 · 폐기물처리 등에 관한 환경계획
7. 사회복지시설 및 주민문화시설 등의 설치계획
8. 도시의 광역적 재정비를 위한 기본방향
9. 제16조에 따라 정비구역으로 지정할 예정인 구역(이하 "정비예정구역"이라 한다)의 개략적 범위
10. 단계별 정비사업 추진계획(정비예정구역별 정비계획의 수립시기가 포함되어야 한다)
11. 건폐율 · 용적률 등에 관한 건축물의 밀도계획
12. 세입자에 대한 주거안정대책
13. 그 밖에 주거환경 등을 개선하기 위하여 필요한 사항으로서 대통령령으로 정하는 사항

② 기본계획의 수립권자는 기본계획에 다음 각 호의 사항을 포함하는 경우에는 제1항 제9호 및 제10호의 사항을 생략할 수 있다.

1. 생활권의 설정, 생활권별 기반시설 설치계획 및 주택수급계획
2. 생활권별 주거지의 정비 · 보전 · 관리의 방향

③ 기본계획의 작성기준 및 작성방법은 국토교통부장관이 정하여 고시한다.

제6조(기본계획 수립을 위한 주민의견청취 등)

① 기본계획의 수립권자는 기본계획을 수립하거나 변경하려는 경우에는 14일 이상 주민에게 공람하여 의견을 들어야 하며, 제시된 의견이 타당하다고 인정되면 이를 기본계획에 반영하여야 한다.

② 기본계획의 수립권자는 제1항에 따른 공람과 함께 지방의회의 의견을 들어야 한다. 이 경우 지방의회는 기본계획의 수립권자가 기본계획을 통지한 날부터 60일 이내에 의견을 제시하여야 하며, 의견제시 없이 60일이 지난 경우 이의가 없는 것으로 본다.

③ 제1항 및 제2항에도 불구하고 대통령령으로 정하는 경미한 사항을 변경하는 경우에는 주민공람과 지방의회의 의견청취 절차를 거치지 아니할 수 있다.

제7조(기본계획의 확정 · 고시 등)

① 기본계획의 수립권자(대도시의 시장이 아닌 시장은 제외한다)는 기본계획을 수립하거나 변경하려면 관계 행정기관의 장과 협의한 후 「국토의 계획 및 이용에 관한 법률」 제113조제1항 및 제2항에 따른 지방도시계획위원회(이하 "지방도시계획위원회"라 한다)의 심의를 거쳐야 한다. 다만, 대통령령으로 정하는 경미한 사항을 변경하는 경우에는 관계 행정기관의 장과의 협의 및 지방도시계획위원회의 심의를 거치지 아니한다.

② <u>대도시의 시장이 아닌 시장은 기본계획을 수립하거나 변경하려면 도지사의 승인을 받아야 하며, 도지사가 이를 승인하려면 관계 행정기관의 장과 협의한 후 지방도시계획위원회의 심의를 거쳐야 한다</u>. 다만, 제1항 단서에 해당하는 변경의 경우에는 도지사의 승인을 받지 아니할 수 있다.

③ 기본계획의 수립권자는 기본계획을 수립하거나 변경한 때에는 지체 없이 이를 해당 지방자치단체의 공보에 고시하고 일반인이 열람할 수 있도록 하여야 한다.

④ 기본계획의 수립권자는 제3항에 따라 기본계획을 고시한 때에는 국토교통부령으로 정하는 방법 및 절차에 따라 국토교통부장관에게 보고하여야 한다.

* 정비계획의 입안 및 정비구역의 지정
  1.원칙:특별시,광역시,특병자치시,특별자치도,시장,군수
  2.예외: 구청장등
  3.범위
  4.절차: 주민설명회-공람-지방의회-심의-고시-보고
  5.내용

제8조(정비구역의 지정)

① 특별시장 · 광역시장 · 특별자치시장 · 특별자치도지사 · 시장 또는 군수(광역시의 군수는 제외하며, 이하 "정비구역의 지정권자"라 한다)는 기본계획에 적합한 범위에서 노후 · 불량건축물이 밀집하는 등 대통령령으로 정하는 요건에 해당하는 구역에 대하여 제16조에 따라 정비계획을 결정하여 정비구역을 지정(변경지정을 포함한다)할 수 있다.

② 제1항에도 불구하고 제26조제1항제1호 및 제27조제1항제1호에 따라 정비사업을 시행하려는 경우에는 기본계획을 수립하거나 변경하지 아니하고 정비구역을 지정할 수 있다.

③ 정비구역의 지정권자는 정비구역의 진입로 설치를 위하여 필요한 경우에는 진입로 지역과 그 인접지역을 포함하여 정비구역을 지정할 수 있다.

④ 정비구역의 지정권자는 정비구역 지정을 위하여 직접 제9조에 따른 정비계획을 입안할 수 있다.

⑤ 자치구의 구청장 또는 광역시의 군수(이하 제9조, 제11조 및 제20조에서 "구청장등"이라 한다)는 제9조에 따른 정비계획을 입안하여 특별시장 · 광역시장에게 정비구역 지정을 신청하여야 한다. 이 경우 제15조제2항에 따른 지방의회의 의견을 첨부하여야 한다.

제9조(정비계획의 내용)

① 정비계획에는 다음 각 호의 사항이 포함되어야 한다. 〈개정 2018. 1. 16.〉
  1. 정비사업의 명칭
  2. 정비구역 및 그 면적

3. 도시 · 군계획시설의 설치에 관한 계획

4. 공동이용시설 설치계획

5. 건축물의 주용도 · 건폐율 · 용적률 · 높이에 관한 계획

6. 환경보전 및 재난방지에 관한 계획

7. 정비구역 주변의 교육환경 보호에 관한 계획

8. 세입자 주거대책

9. 정비사업시행 예정시기

10. 정비사업을 통하여 「민간임대주택에 관한 특별법」 제2조제4호에 따른 공공지원민간임대주택(이하 "공공지원민간임대주택"이라 한다)을 공급하거나 같은 조 제11호에 따른 주택임대관리업자(이하 "주택임대관리업자"라 한다)에게 임대할 목적으로 주택을 위탁하려는 경우에는 다음 각 목의 사항. 다만, 나목과 다목의 사항은 건설하는 주택 전체 세대수에서 공공지원민간임대주택 또는 임대할 목적으로 주택임대관리업자에게 위탁하려는 주택(이하 "임대관리 위탁주택"이라 한다)이 차지하는 비율이 100분의 20 이상, 임대기간이 8년 이상의 범위 등에서 대통령령으로 정하는 요건에 해당하는 경우로 한정한다.

가. 공공지원민간임대주택 또는 임대관리 위탁주택에 관한 획지별 토지이용 계획

나. 주거 · 상업 · 업무 등의 기능을 결합하는 등 복합적인 토지이용을 증진시키기 위하여 필요한 건축물의 용도에 관한 계획

다. 「국토의 계획 및 이용에 관한 법률」 제36조제1항제1호가목에 따른 주거지역을 세분 또는 변경하는 계획과 용적률에 관한 사항

라. 그 밖에 공공지원민간임대주택 또는 임대관리 위탁주택의 원활한 공급 등을 위하여 대통령령으로 정하는 사항

11. 「국토의 계획 및 이용에 관한 법률」 제52조제1항 각 호의 사항에 관한 계획(필요한 경우로 한정한다)

12. 그 밖에 정비사업의 시행을 위하여 필요한 사항으로서 대통령령으로 정하는 사항

② 제1항제10호다목을 포함하는 정비계획은 기본계획에서 정하는 제5조제1항제11호에 따른 건폐율 · 용적률 등에 관한 건축물의 밀도계획에도 불구하고 달리 입안할 수 있다.

③ 제8조제4항 및 제5항에 따라 정비계획을 입안하는 특별자치시장, 특별자치도지사,

시장, 군수 또는 구청장등(이하 "정비계획의 입안권자"라 한다)이 제5조제2항 각 호의 사항을 포함하여 기본계획을 수립한 지역에서 정비계획을 입안하는 경우에는 그 정비구역을 포함한 해당 생활권에 대하여 같은 항 각 호의 사항에 대한 세부 계획을 입안할 수 있다.

④ 정비계획의 작성기준 및 작성방법은 국토교통부장관이 정하여 고시한다.

제10조(임대주택 및 주택규모별 건설비율)

① 정비계획의 입안권자는 주택수급의 안정과 저소득 주민의 입주기회 확대를 위하여 정비사업으로 건설하는 주택에 대하여 다음 각 호의 구분에 따른 범위에서 국토교통부장관이 정하여 고시하는 임대주택 및 주택규모별 건설비율 등을 정비계획에 반영하여야 한다.

1. 「주택법」 제2조제6호에 따른 국민주택규모의 주택이 전체 세대수의 100분의 90 이하에서 대통령령으로 정하는 범위

2. 임대주택(「민간임대주택에 관한 특별법」에 따른 민간임대주택 및 「공공주택 특별법」에 따른 공공임대주택을 말한다. 이하 같다)이 전체 세대수 또는 전체 연면적의 100분의 30 이하에서 대통령령으로 정하는 범위

② 사업시행자는 제1항에 따라 고시된 내용에 따라 주택을 건설하여야 한다.

> (주택의 규모 및 건설비율)
> ① 법 제10조제1항제1호 및 제2호에서 "대통령령으로 정하는 범위"란 각각 다음 각 호의 범위를 말한다.
>
> 1. 주거환경개선사업의 경우 다음 각 목의 범위
> 가. 주택법」 제2조제6호에 따른 국민주택규모(이하 "국민주택규모"라 한다)의 주택: 건설하는 주택 전체 세대수의 100분의 90 이하
> 나. 공공임대주택(「공공주택 특별법」에 따른 공공임대주택을 말한다. 이하 같다): 건설하는 주택 전체세대수의 100분의 30 이하로 하되, 주거전용면적이 40제곱미터 이하인 공공임대주택이 전체 공공임대주택 세대수의 100분의 50 이하일 것
> 2. 재개발사업(해당 정비구역이 「국토의 계획 및 이용에 관한 법률 시행령」 제30조제2호에 따른 상업지역인 경우는 제외한다)의 경우 다음 각 목의 범위
>
> 가. 국민주택규모의 주택: 건설하는 주택 전체 세대수의 100분의 80 이하
> 나. 임대주택(「민간임대주택에 관한 특별법」에 따른 민간임대주택과 공공임대주택을 말한다. 이하같다): 건설하는 주택 전체 세대수(법 제54조제1항에 따라 정비계획으로 정한 용적률을 초과하여 건축

함으로써 증가된 세대수는 제외한다. 이하 이 목에서 같다)의 100분의 15 이하[법 제55조제1항에 따라 공급되는 임대주택은 제외하며, 해당 임대주택 중 주거전용면적이 40제곱미터 이하인 임대주택이 전체 임대주택 세대수(법 제55조제1항에 따라 공급되는 임대주택은 제외한다. 이하 이 목에서 같다)의 100분의 40 이하이어야 한다]. 다만, 특별시장 · 광역시장 · 특별자치시장 · 특별자치도지사 · 시장 · 군수 또는 자치구의 구청장이 정비계획을 입안할 때 관할 구역에서 시행된 재개발사업에서 건설하는 주택 전체 세대수에서 별표 3 제2호가목1)에 해당하는 세입자가 입주하는 임대주택세대수가 차지하는비율이 특별시장 · 광역시장 · 특별자치시장 · 도지사 · 특별자치도지사(이하 "시 · 도지사"라한다)가 정하여 고시한 임대주택 비율보다 높은 경우에는 다음 계산식에 따라 산정한 임대주택 비율 이하의 범위에서 임대주택 비율을 높일 수 있다.

3. 재건축사업의 경우 국민주택규모의 주택이 건설하는 주택 전체 세대수의 100분의 60 이하

② 제1항제3호에도 불구하고 「수도권정비계획법」 제6조제1항제1호에 따른 과밀억제권역에서 다음 각 호의 요건을 모두 갖춘 경우에는 국민주택규모의 주택 건설 비율을 적용하지 아니한다.

1. 재건축사업의 조합원에게 분양하는 주택은 기존 주택(재건축하기 전의 주택을 말한다)의 주거전용면적을 축소하거나 30퍼센트의 범위에서 그 규모를 확대할 것
2. 조합원 이외의 자에게 분양하는 주택은 모두 85제곱미터 이하 규모로 건설할 것

제11조(기본계획 및 정비계획 수립 시 용적률 완화)

① 기본계획의 수립권자 또는 정비계획의 입안권자는 정비사업의 원활한 시행을 위하여 기본계획을 수립하거나 정비계획을 입안하려는 경우에는(기본계획 또는 정비계획을 변경하려는 경우에도 또한 같다) 「국토의 계획 및 이용에 관한 법률」 제36조에 따른 주거지역에 대하여는 같은 법 제78조에 따라 조례로 정한 용적률에도 불구하고 같은 조 및 관계 법률에 따른 용적률의 상한까지 용적률을 정할 수 있다.

② 구청장등 또는 대도시의 시장이 아닌 시장은 제1항에 따라 정비계획을 입안하거나 변경입안하려는 경우 기본계획의 변경 또는 변경승인을 특별시장 · 광역시장 · 도지사에게 요청할 수 있다.

제12조(재건축사업 정비계획 입안을 위한 안전진단)

① 정비계획의 입안권자는 재건축사업 정비계획의 입안을 위하여 제5조제1항제10호에 따른 정비예정구역별 정비계획의 수립시기가 도래한 때에 안전진단을 실시하여야 한다.

② 정비계획의 입안권자는 제1항에도 불구하고 다음 각 호의 어느 하나에 해당하는 경우에는 안전진단을 실시하여야 한다. 이 경우 정비계획의 입안권자는 안전진단에 드는 비용을 해당 안전진단의 실시를 요청하는 자에게 부담하게 할 수 있다.

1. 제14조에 따라 정비계획의 입안을 제안하려는 자가 입안을 제안하기 전에 해당 정비예정구역에 위치한 건축물 및 그 부속토지의 소유자 10분의 1 이상의 동의를 받아 안전진단의 실시를 요청하는 경우

2. 제5조제2항에 따라 정비예정구역을 지정하지 아니한 지역에서 재건축사업을 하려는 자가 사업예정구역에 있는 건축물 및 그 부속토지의 소유자 10분의 1 이상의 동의를 받아 안전진단의 실시를 요청하는 경우

3. 제2조제3호나목에 해당하는 건축물의 소유자로서 재건축사업을 시행하려는 자가 해당 사업예정구역에 위치한 건축물 및 그 부속토지의 소유자 10분의 1 이상의 동의를 받아 안전진단의 실시를 요청하는 경우

③ 제1항에 따른 재건축사업의 안전진단은 주택단지의 건축물을 대상으로 한다. 다만, 대통령령으로 정하는 주택단지의 건축물인 경우에는 안전진단 대상에서 제외할 수 있다.

④ 정비계획의 입안권자는 현지조사 등을 통하여 해당 건축물의 구조안전성, 건축마감, 설비노후도 및 주거환경 적합성 등을 심사하여 안전진단의 실시 여부를 결정하여야 하며, 안전진단의 실시가 필요하다고 결정한 경우에는 대통령령으로 정하는 안전진단기관에 안전진단을 의뢰하여야 한다.

⑤ 제4항에 따라 안전진단을 의뢰받은 안전진단기관은 국토교통부장관이 정하여 고시하는 기준(건축물의 내진성능 확보를 위한 비용을 포함한다)에 따라 안전진단을 실시하여야 하며, 국토교통부령으로 정하는 방법 및 절차에 따라 안전진단 결과보고서를 작성하여 정비계획의 입안권자 및 제2항에 따라 안전진단의 실시를 요청한 자에게 제출하여야 한다.

⑥ 정비계획의 입안권자는 제5항에 따른 안전진단의 결과와 도시계획 및 지역여건 등을 종합적으로 검토하여 정비계획의 입안 여부를 결정하여야 한다.

⑦ 제1항부터 제6항까지의 규정에 따른 안전진단의 대상 · 기준 · 실시기관 · 지정절차

및 수수료 등에 필요한 사항은 대통령령으로 정한다.

제13조(안전진단 결과의 적정성 검토)

① 정비계획의 입안권자(특별자치시장 및 특별자치도지사는 제외한다. 이하 이 조에서 같다)는 제12조제6항에 따라 정비계획의 입안 여부를 결정한 경우에는 지체 없이 특별시장 · 광역시장 · 도지사에게 결정내용과 해당 안전진단 결과보고서를 제출하여야 한다.

②특별시장 · 광역시장 · 특별자치시장 · 도지사 · 특별자치도지사(이하 "시 · 도지사"라 한다)는 필요한 경우 「시설물의 안전 및 유지관리에 관한 특별법」에 따른 한국시설안전공단 또는 「과학기술분야 정부출연연구기관 등의 설립 · 운영 및 육성에 관한 법률」에 따른 한국건설기술연구원에 안전진단 결과의 적정성 여부에 대한 검토를 의뢰할 수 있다.

③ 국토교통부장관은 시 · 도지사에게 안전진단 결과보고서의 제출을 요청할 수 있으며, 필요한 경우 시 · 도지사에게 안전진단 결과의 적정성 여부에 대한 검토를 요청할 수 있다.

④ 시 · 도지사는 제2항 및 제3항에 따른 검토결과에 따라 정비계획의 입안권자에게 정비계획 입안결정의 취소 등 필요한 조치를 요청할 수 있으며, 정비계획의 입안권자는 특별한 사유가 없으면 그 요청에 따라야 한다. 다만, 특별자치시장 및 특별자치도지사는 직접 정비계획의 입안결정의 취소 등 필요한 조치를 할 수 있다.

⑤ 제1항부터 제4항까지의 규정에 따른 안전진단 결과의 평가 등에 필요한 사항은 대통령령으로 정한다.

* 정비계획입안의 제안 1.제안 2.여부 3.사유

제14조(정비계획의 입안 제안)

① 토지등소유자(제5호의 경우에는 제26조제1항제1호 및 제27조제1항제1호에 따라

사업시행자가 되려는 자를 말한다)는 다음 각 호의 어느 하나에 해당하는 경우에는 정비계획의 입안권자에게 정비계획의 입안을 제안할 수 있다. 〈개정 2018. 1. 16.〉

1. 제5조제1항제10호에 따른 단계별 정비사업 추진계획상 정비예정구역별 정비계획의 입안시기가 지났음에도 불구하고 정비계획이 입안되지 아니하거나 같은 호에 따른 정비예정구역별 정비계획의 수립시기를 정하고 있지 아니한 경우

2. 토지등소유자가 제26조제1항제7호 및 제8호에 따라 토지주택공사등을 사업시행자로 지정 요청하려는 경우

3. 대도시가 아닌 시 또는 군으로서 시 · 도조례로 정하는 경우

4. 정비사업을 통하여 공공지원민간임대주택을 공급하거나 임대할 목적으로 주택을 주택임대관리업자에게 위탁하려는 경우로서 제9조제1항제10호 각 목을 포함하는 정비계획의 입안을 요청하려는 경우

5. 제26조제1항제1호 및 제27조제1항제1호에 따라 정비사업을 시행하려는 경우

6. 토지등소유자(조합이 설립된 경우에는 조합원을 말한다. 이하 이 호에서 같다)가 3분의 2 이상의 동의로 정비계획의 변경을 요청하는 경우. 다만, 제15조제3항에 따른 경미한 사항을 변경하는 경우에는 토지등소유자의 동의절차를 거치지 아니한다.

② 정비계획 입안의 제안을 위한 토지등소유자의 동의, 제안서의 처리 등에 필요한 사항은 대통령령으로 정한다.

> (정비계획의 입안 제안)
>
> ① 토지등소유자가 법 제14조제1항에 따라 정비계획의 입안권자에게 정비계획의 입안을 제안하려는 경우 토지등소유자의 3분의 2 이하 및 토지면적 3분의 2 이하의 범위에서 시 · 도조례로 정하는 비율 이상의 동의를 받은 후 시 · 도조례로 정하는 제안서 서식에 정비계획도서, 계획설명서, 그 밖의 필요한 서류를 첨부하여 정비계획의 입안권자에게 제출하여야 한다.
>
> ② 정비계획의 입안권자는 제1항의 제안이 있는 경우에는 제안일부터 60일 이내에 정비계획에의 반영 여부를 제안자에게 통보하여야 한다. 다만, 부득이한 사정이 있는 경우에는 한 차례만 30일을 연장 할 수 있다.
>
> ③ 정비계획의 입안권자는 제1항에 따른 제안을 정비계획에 반영하는 경우에는 제안서에 첨부된 정비 계획도서와 계획설명서를 정비계획의 입안에 활용할 수 있다.
>
> ④ 제1항부터 제3항까지에서 규정된 사항 외에 정비계획 입안의 제안을 위하여 필요한 세부사항은 시 · 도조례로 정할 수 있다.

제15조(정비계획 입안을 위한 주민의견청취 등)

① 정비계획의 입안권자는 정비계획을 입안하거나 변경하려면 주민에게 서면으로 통보한 후 주민설명회 및 30일 이상 주민에게 공람하여 의견을 들어야 하며, 제시된 의견이 타당하다고 인정되면 이를 정비계획에 반영하여야 한다.

② 정비계획의 입안권자는 제1항에 따른 주민공람과 함께 지방의회의 의견을 들어야 한다. 이 경우 지방의회는 정비계획의 입안권자가 정비계획을 통지한 날부터 60일 이내에 의견을 제시하여야 하며, 의견제시 없이 60일이 지난 경우 이의가 없는 것으로 본다.

③ 제1항 및 제2항에도 불구하고 대통령령으로 정하는 경미한 사항을 변경하는 경우에는 주민에 대한 서면통보, 주민설명회, 주민공람 및 지방의회의 의견청취 절차를 거치지 아니할 수 있다.

④ 정비계획의 입안권자는 제97조, 제98조, 제101조 등에 따라 정비기반시설 및 국유·공유재산의 귀속 및 처분에 관한 사항이 포함된 정비계획을 입안하려면 미리 해당 정비기반시설 및 국유·공유재산의 관리청의 의견을 들어야 한다.

제16조(정비계획의 결정 및 정비구역의 지정·고시)

① 정비구역의 지정권자는 정비구역을 지정하거나 변경지정하려면 지방도시계획위원회의 심의를 거쳐야 한다. 다만, 제15조제3항에 따른 경미한 사항을 변경하는 경우에는 지방도시계획위원회의 심의를 거치지 아니할 수 있다. 〈개정 2018. 6. 12.〉

② 정비구역의 지정권자는 정비구역을 지정(변경지정을 포함한다. 이하 같다)하거나 정비계획을 결정(변경결정을 포함한다. 이하 같다)한 때에는 정비계획을 포함한 정비구역 지정의 내용을 해당 지방자치단체의 공보에 고시하여야 한다. 이 경우 지형도면 고시 등에 있어서는 「토지이용규제 기본법」 제8조에 따른다. 〈개정 2018. 6. 12.〉

③ 정비구역의 지정권자는 제2항에 따라 정비계획을 포함한 정비구역을 지정·고시한 때에는 국토교통부령으로 정하는 방법 및 절차에 따라 국토교통부장관에게 그 지정의 내용을 보고하여야 하며, 관계 서류를 일반인이 열람할 수 있도록 하여야 한다.

*정비구역지정 고시의 효력

1.정비구역의 지정 · 고시가 있는 경우 해당 정비구역 및 정비계획 중「국토의 계획 및 이용에 관한 법률」제52조제1항 각 호의 어느 하나에 해당하는 사항은 같은 법 제50조에 따라 지구단위계획구역 및 지구단위계획으로 결정 · 고시된 것으로 본다.

2.개발행위허가

3.기득권보호:이미그 공사나 사업을 착수한 자는 계속 수행할 수 있다.

제17조(정비구역 지정 · 고시의 효력 등)

① 제16조제2항 전단에 따라 정비구역의 지정 · 고시가 있는 경우 해당 정비구역 및 정비계획 중「국토의 계획 및 이용에 관한 법률」제52조제1항 각 호의 어느 하나에 해당하는 사항은 같은 법 제50조에 따라 지구단위계획구역 및 지구단위계획으로 결정 · 고시된 것으로 본다. 〈개정 2018. 6. 12.〉

②「국토의 계획 및 이용에 관한 법률」에 따른 지구단위계획구역에 대하여 제9조제1항 각 호의 사항을 모두 포함한 지구단위계획을 결정 · 고시(변경 결정 · 고시하는 경우를 포함한다)하는 경우 해당 지구단위계획구역은 정비구역으로 지정 · 고시된 것으로 본다.

③ 정비계획을 통한 토지의 효율적 활용을 위하여「국토의 계획 및 이용에 관한 법률」제52조제3항에 따른 건폐율 · 용적률 등의 완화규정은 제9조제1항에 따른 정비계획에 준용한다. 이 경우 "지구단위계획구역"은 "정비구역"으로, "지구단위계획"은 "정비계획"으로 본다.

④ 제3항에도 불구하고 용적률이 완화되는 경우로서 사업시행자가 정비구역에 있는 대지의 가액 일부에 해당하는 금액을 현금으로 납부한 경우에는 대통령령으로 정하는 공공시설 또는 기반시설(이하 이 항에서 "공공시설등"이라 한다)의 부지를 제공하거나 공공시설등을 설치하여 제공한 것으로 본다.

⑤ 제4항에 따른 현금납부 및 부과 방법 등에 필요한 사항은 대통령령으로 정한다.

제18조(정비구역의 분할, 통합 및 결합)

① 정비구역의 지정권자는 정비사업의 효율적인 추진 또는 도시의 경관보호를 위하여 필요하다고 인정하는 경우에는 다음 각 호의 방법에 따라 정비구역을 지정할 수 있다.

1. 하나의 정비구역을 둘 이상의 정비구역으로 분할
2. 서로 연접한 정비구역을 하나의 정비구역으로 통합
3. 서로 연접하지 아니한 둘 이상의 구역(제8조제1항에 따라 대통령령으로 정하는 요건에 해당하는 구역으로 한정한다) 또는 정비구역을 하나의 정비구역으로 결합

② 제1항에 따라 정비구역을 분할 · 통합하거나 서로 떨어진 구역을 하나의 정비구역으로 결합하여 지정하려는 경우 시행 방법과 절차에 관한 세부사항은 시 · 도조례로 정한다.

제19조(행위제한 등)

① 정비구역에서 다음 각 호의 어느 하나에 해당하는 행위를 하려는 자는 시장 · 군수등의 허가를 받아야 한다. 허가받은 사항을 변경하려는 때에도 또한 같다.
1. 건축물의 건축
2. 공작물의 설치
3. 토지의 형질변경
4. 토석의 채취
5. 토지분할
6. 물건을 쌓아 놓는 행위
7. 그 밖에 대통령령으로 정하는 행위

② 다음 각 호의 어느 하나에 해당하는 행위는 제1항에도 불구하고 허가를 받지 아니하고 할 수 있다. 〈개정 2019. 4. 23.〉
1. 재해복구 또는 재난수습에 필요한 응급조치를 위한 행위
2. 기존 건축물의 붕괴 등 안전사고의 우려가 있는 경우 해당 건축물에 대한 안전조치를 위한 행위
3. 그 밖에 대통령령으로 정하는 행위

③ 제1항에 따라 허가를 받아야 하는 행위로서 정비구역의 지정 및 고시 당시 이미 관계 법령에 따라 행위허가를 받았거나 허가를 받을 필요가 없는 행위에 관하여 그 공사 또는 사업에 착수한 자는 대통령령으로 정하는 바에 따라 시장 · 군수등에게 신고한 후 이를 계속 시행할 수 있다.

④ 시장 · 군수등은 제1항을 위반한 자에게 원상회복을 명할 수 있다. 이 경우 명령을

받은 자가 그 의무를 이행하지 아니하는 때에는 시장·군수등은 「행정대집행법」에 따라 대집행할 수 있다.

⑤ 제1항에 따른 허가에 관하여 이 법에 규정된 사항을 제외하고는 「국토의 계획 및 이용에 관한 법률」 제57조부터 제60조까지 및 제62조를 준용한다.

⑥ 제1항에 따라 허가를 받은 경우에는 「국토의 계획 및 이용에 관한 법률」 제56조에 따라 허가를 받은 것으로 본다.

⑦ 국토교통부장관, 시·도지사, 시장, 군수 또는 구청장(자치구의 구청장을 말한다. 이하 같다)은 비경제적인 건축행위 및 투기 수요의 유입을 막기 위하여 제6조제1항에 따라 기본계획을 공람 중인 정비예정구역 또는 정비계획을 수립 중인 지역에 대하여 3년 이내의 기간(1년의 범위에서 한 차례만 연장할 수 있다)을 정하여 대통령령으로 정하는 방법과 절차에 따라 다음 각 호의 행위를 제한할 수 있다.
1. 건축물의 건축
2. 토지의 분할

⑧ 정비예정구역 또는 정비구역(이하 "정비구역등"이라 한다)에서는 「주택법」 제2조제11호가목에 따른 지역주택조합의 조합원을 모집해서는 아니 된다. 〈신설 2018. 6. 12.〉

*정비구역의 해제 1.의무적해제 2.임의적해제

제20조(정비구역등의 해제)

① 정비구역의 지정권자는 다음 각 호의 어느 하나에 해당하는 경우에는 정비구역등을 해제하여야 한다. 〈개정 2018. 6. 12.〉

1. 정비예정구역에 대하여 기본계획에서 정한 정비구역 지정 예정일부터 3년이 되는 날까지 특별자치시장, 특별자치도지사, 시장 또는 군수가 정비구역을 지정하지 아니하거나 구청장등이 정비구역의 지정을 신청하지 아니하는 경우

2. 재개발사업·재건축사업[제35조에 따른 조합(이하 "조합"이라 한다)이 시행하는 경우로 한정한다]이 다음 각 목의 어느 하나에 해당하는 경우

가. 토지등소유자가 정비구역으로 지정·고시된 날부터 2년이 되는 날까지

제31조에 따른 조합설립추진위원회(이하 "추진위원회"라 한다)의 승인을 신청하지 아니하는 경우

나. 토지등소유자가 정비구역으로 지정ㆍ고시된 날부터 3년이 되는 날까지 제35조에 따른 조합설립인가(이하 "조합설립인가"라 한다)를 신청하지 아니하는 경우(제31조제4항에 따라 추진위원회를 구성하지 아니하는 경우로 한정한다)

다. 추진위원회가 추진위원회 승인일부터 2년이 되는 날까지 조합설립인가를 신청하지 아니하는 경우

라. 조합이 조합설립인가를 받은 날부터 3년이 되는 날까지 제50조에 따른 사업시행계획인가(이하 "사업시행계획인가"라 한다)를 신청하지 아니하는 경우

3. 토지등소유자가 시행하는 재개발사업으로서 토지등소유자가 정비구역으로 지정ㆍ고시된 날부터 5년이 되는 날까지 사업시행계획인가를 신청하지 아니하는 경우

② 구청장등은 제1항 각 호의 어느 하나에 해당하는 경우에는 특별시장ㆍ광역시장에게 정비구역등의 해제를 요청하여야 한다.

③ 특별자치시장, 특별자치도지사, 시장, 군수 또는 구청장등이 다음 각 호의 어느 하나에 해당하는 경우에는 30일 이상 주민에게 공람하여 의견을 들어야 한다.

1. 제1항에 따라 정비구역등을 해제하는 경우
2. 제2항에 따라 정비구역등의 해제를 요청하는 경우

④ 특별자치시장, 특별자치도지사, 시장, 군수 또는 구청장등은 제3항에 따른 주민공람을 하는 경우에는 지방의회의 의견을 들어야 한다. 이 경우 지방의회는 특별자치시장, 특별자치도지사, 시장, 군수 또는 구청장등이 정비구역등의 해제에 관한 계획을 통지한 날부터 60일 이내에 의견을 제시하여야 하며, 의견제시 없이 60일이 지난 경우 이의가 없는 것으로 본다.

⑤ 정비구역의 지정권자는 제1항부터 제4항까지의 규정에 따라 정비구역등의 해제를 요청받거나 정비구역등을 해제하려면 지방도시계획위원회의 심의를 거쳐야 한다. 다만, 「도시재정비 촉진을 위한 특별법」 제5조에 따른 재정비촉진지구에서는 같은 법 제34조에 따른 도시재정비위원회의 심의를 거쳐 정비구역등을 해제하여야 한다.

⑥ 제1항에도 불구하고 정비구역의 지정권자는 다음 각 호의 어느 하나에 해당하는 경우에는 제1항제1호부터 제3호까지의 규정에 따른 해당 기간을 2년의 범위에서 연장하여 정비구역등을 해제하지 아니할 수 있다.

1. 정비구역등의 토지등소유자(조합을 설립한 경우에는 조합원을 말한다)가 100분의 30 이상의 동의로 제1항제1호부터 제3호까지의 규정에 따른 해당 기간이 도래하기 전까지 연장을 요청하는 경우

2. 정비사업의 추진 상황으로 보아 주거환경의 계획적 정비 등을 위하여 정비구역등의 존치가 필요하다고 인정하는 경우

⑦ 정비구역의 지정권자는 제5항에 따라 정비구역등을 해제하는 경우(제6항에 따라 해제하지 아니한 경우를 포함한다)에는 그 사실을 해당 지방자치단체의 공보에 고시하고 국토교통부장관에게 통보하여야 하며, 관계 서류를 일반인이 열람할 수 있도록 하여야 한다.

제21조(정비구역등의 직권해제)

① 정비구역의 지정권자는 다음 각 호의 어느 하나에 해당하는 경우 지방도시계획위원회의 심의를 거쳐 정비구역등을 해제할 수 있다. 이 경우 제1호 및 제2호에 따른 구체적인 기준 등에 필요한 사항은 시·도조례로 정한다. 〈개정 2019. 4. 23.〉

1. 정비사업의 시행으로 토지등소유자에게 과도한 부담이 발생할 것으로 예상되는 경우

2. 정비구역등의 추진 상황으로 보아 지정 목적을 달성할 수 없다고 인정되는 경우

3. 토지등소유자의 100분의 30 이상이 정비구역등(추진위원회가 구성되지 아니한 구역으로 한정한다)의 해제를 요청하는 경우

4. 제23조제1항제1호에 따른 방법으로 시행 중인 주거환경개선사업의 정비구역이 지정·고시된 날부터 10년 이상 경과하고, 추진 상황으로 보아 지정 목적을 달성할 수 없다고 인정되는 경우로서 토지등소유자의 과반수가 정비구역의 해제에 동의하는 경우

5. 추진위원회 구성 또는 조합 설립에 동의한 토지등소유자의 2분의 1 이상 3분의 2 이하의 범위에서 시·도조례로 정하는 비율 이상의 동의로 정비구역의 해제를 요청하는 경우(사업시행계획인가를 신청하지 아니한 경우로 한정한다)

6. 추진위원회가 구성되거나 조합이 설립된 정비구역에서 토지등소유자 과반수의 동의로 정비구역의 해제를 요청하는 경우(사업시행계획인가를 신청하지 아니한 경우로

한정한다)

② 제1항에 따른 정비구역등의 해제의 절차에 관하여는 제20조제3항부터 제5항까지 및 제7항을 준용한다.

③ 제1항에 따라 정비구역등을 해제하여 추진위원회 구성승인 또는 조합설립인가가 취소되는 경우 정비구역의 지정권자는 해당 추진위원회 또는 조합이 사용한 비용의 일부를 대통령령으로 정하는 범위에서 시·도조례로 정하는 바에 따라 보조할 수 있다.

제21조의2(도시재생선도지역 지정 요청)

제20조 또는 제21조에 따라 정비구역등이 해제된 경우 정비구역의 지정권자는 해제된 정비구역등을 「도시재생 활성화 및 지원에 관한 특별법」에 따른 도시재생선도지역으로 지정하도록 국토교통부장관에게 요청할 수 있다.

[본조신설 2019. 4. 23.]

제22조(정비구역등 해제의 효력)

① 제20조 및 제21조에 따라 정비구역등이 해제된 경우에는 정비계획으로 변경된 용도지역, 정비기반시설 등은 정비구역 지정 이전의 상태로 환원된 것으로 본다. 다만, 제21조제1항제4호의 경우 정비구역의 지정권자는 정비기반시설의 설치 등 해당 정비사업의 추진 상황에 따라 환원되는 범위를 제한할 수 있다.

② 제20조 및 제21조에 따라 정비구역등(재개발사업 및 재건축사업을 시행하려는 경우로 한정한다. 이하 이 항에서 같다)이 해제된 경우 정비구역의 지정권자는 해제된 정비구역등을 제23조제1항제1호의 방법으로 시행하는 주거환경개선구역(주거환경개선사업을 시행하는 정비구역을 말한다. 이하 같다)으로 지정할 수 있다. 이 경우 주거환경개선구역으로 지정된 구역은 제7조에 따른 기본계획에 반영된 것으로 본다.

③ 제20조제7항 및 제21조제2항에 따라 정비구역등이 해제·고시된 경우 추진위원회 구성승인 또는 조합설립인가는 취소된 것으로 보고, 시장·군수등은 해당 지방자치단체의 공보에 그 내용을 고시하여야 한다.

제3장 정비사업의 시행

제1절 정비사업의 시행방법 등

*정비사업의 시행방법
1.주거환경개선사업
가. 스스로 주택개량하는 방법
나. 수용
다. 환지
라. 관리처분계획

2.재개발사업
가. 관리처분계획
나. 환지

3.재건축사업: 관리처분계획

제23조(정비사업의 시행방법)

① 주거환경개선사업은 다음 각 호의 어느 하나에 해당하는 방법 또는 이를 혼용하는 방법으로 한다.

1. 제24조에 따른 사업시행자가 정비구역에서 정비기반시설 및 공동이용시설을 새로 설치하거나 확대하고 토지등소유자가 스스로 주택을 보전·정비하거나 개량하는 방법
2. 제24조에 따른 사업시행자가 제63조에 따라 정비구역의 전부 또는 일부를 수용하여 주택을 건설한 후 토지등소유자에게 우선 공급하거나 대지를 토지등소유자 또는 토지등소유자 외의 자에게 공급하는 방법
3. 제24조에 따른 사업시행자가 제69조제2항에 따라 환지로 공급하는 방법
4. 제24조에 따른 사업시행자가 정비구역에서 제74조에 따라 인가받은 관리처분계획에 따라 주택 및 부대시설·복리시설을 건설하여 공급하는 방법

② 재개발사업은 정비구역에서 제74조에 따라 인가받은 관리처분계획에 따라 건축물을 건설하여 공급하거나 제69조제2항에 따라 환지로 공급하는 방법으로 한다.

③ 재건축사업은 정비구역에서 제74조에 따라 인가받은 관리처분계획에 따라 주택, 부대시설·복리시설 및 오피스텔(「건축법」 제2조제2항에 따른 오피스텔을 말한다. 이

하 같다)을 건설하여 공급하는 방법으로 한다. 다만, 주택단지에 있지 아니하는 건축물의 경우에는 지형여건 · 주변의 환경으로 보아 사업 시행상 불가피한 경우로서 정비구역으로 보는 사업에 한정한다.

④ 제3항에 따라 오피스텔을 건설하여 공급하는 경우에는「국토의 계획 및 이용에 관한 법률」에 따른 준주거지역 및 상업지역에서만 건설할 수 있다. 이 경우 오피스텔의 연면적은 전체 건축물 연면적의 100분의 30 이하이어야 한다.

*시행자 1.주거환경사업의 시행자 가.스스로 개량하는 방식 나.환지,관리처분방식 다.수용방식 2.재개발사업 3.재건축사업

제24조(주거환경개선사업의 시행자)

① 제23조제1항제1호에 따른 방법으로 시행하는 주거환경개선사업은 시장 · 군수등이 직접 시행하되, 토지주택공사등을 사업시행자로 지정하여 시행하게 하려는 경우에는 제15조제1항에 따른 공람공고일 현재 토지등소유자의 과반수의 동의를 받아야 한다.

② 제23조제1항제2호부터 제4호까지의 규정에 따른 방법으로 시행하는 주거환경개선사업은 시장 · 군수등이 직접 시행하거나 다음 각 호에서 정한 자에게 시행하게 할 수 있다.

1. 시장 · 군수등이 다음 각 목의 어느 하나에 해당하는 자를 사업시행자로 지정하는 경우

가. 토지주택공사등

나. 주거환경개선사업을 시행하기 위하여 국가, 지방자치단체, 토지주택공사등 또는「공공기관의 운영에 관한 법률」제4조에 따른 공공기관이 총지분의 100분의 50을 초과하는 출자로 설립한 법인

2. 시장 · 군수등이 제1호에 해당하는 자와 다음 각 목의 어느 하나에 해당하는 자를 공동시행자로 지정하는 경우

가.「건설산업기본법」제9조에 따른 건설업자(이하 "건설업자"라 한다)

나. 「주택법」 제7조제1항에 따라 건설업자로 보는 등록사업자(이하 "등록사업자"라 한다)

③ 제2항에 따라 시행하려는 경우에는 제15조제1항에 따른 공람공고일 현재 해당 정비예정구역의 토지 또는 건축물의 소유자 또는 지상권자의 3분의 2 이상의 동의와 세입자(제15조제1항에 따른 공람공고일 3개월 전부터 해당 정비예정구역에 3개월 이상 거주하고 있는 자를 말한다) 세대수의 과반수의 동의를 각각 받아야 한다. 다만, 세입자의 세대수가 토지등소유자의 2분의 1 이하인 경우 등 대통령령으로 정하는 사유가 있는 경우에는 세입자의 동의절차를 거치지 아니할 수 있다.

④ 시장·군수등은 천재지변, 그 밖의 불가피한 사유로 건축물이 붕괴할 우려가 있어 긴급히 정비사업을 시행할 필요가 있다고 인정하는 경우에는 제1항 및 제3항에도 불구하고 토지등소유자 및 세입자의 동의 없이 자신이 직접 시행하거나 토지주택공사등을 사업시행자로 지정하여 시행하게 할 수 있다. 이 경우 시장·군수등은 지체 없이 토지등소유자에게 긴급한 정비사업의 시행 사유·방법 및 시기 등을 통보하여야 한다.

제25조(재개발사업 · 재건축사업의 시행자)

① 재개발사업은 다음 각 호의 어느 하나에 해당하는 방법으로 시행할 수 있다.

1. 조합이 시행하거나 조합이 조합원의 과반수의 동의를 받아 시장·군수등, 토지주택공사등, 건설업자, 등록사업자 또는 대통령령으로 정하는 요건을 갖춘 자와 공동으로 시행하는 방법

2. 토지등소유자가 20인 미만인 경우에는 토지등소유자가 시행하거나 토지등소유자가 토지등소유자의 과반수의 동의를 받아 시장·군수등, 토지주택공사등, 건설업자, 등록사업자 또는 대통령령으로 정하는 요건을 갖춘 자와 공동으로 시행하는 방법

② 재건축사업은 조합이 시행하거나 조합이 조합원의 과반수의 동의를 받아 시장·군수등, 토지주택공사등, 건설업자 또는 등록사업자와 공동으로 시행할 수 있다.

제26조(재개발사업 · 재건축사업의 공공시행자)

① 시장·군수등은 재개발사업 및 재건축사업이 다음 각 호의 어느 하나에 해당하는 때에는 제25조에도 불구하고 직접 정비사업을 시행하거나 토지주택공사등(토지주택공사등이 건설업자 또는 등록사업자와 공동으로 시행하는 경우를 포함한다)을 사업시행자로 지정하여 정비사업을 시행하게 할 수 있다. 〈개정 2018. 6. 12.〉

1. 천재지변, 「재난 및 안전관리 기본법」 제27조 또는 「시설물의 안전 및 유지관리에 관한 특별법」 제23조에 따른 사용제한 · 사용금지, 그 밖의 불가피한 사유로 긴급하게 정비사업을 시행할 필요가 있다고 인정하는 때

2. 제16조제2항 전단에 따라 고시된 정비계획에서 정한 정비사업시행 예정일부터 2년 이내에 사업시행계획인가를 신청하지 아니하거나 사업시행계획인가를 신청한 내용이 위법 또는 부당하다고 인정하는 때(재건축사업의 경우는 제외한다)

3. 추진위원회가 시장 · 군수등의 구성승인을 받은 날부터 3년 이내에 조합설립인가를 신청하지 아니하거나 조합이 조합설립인가를 받은 날부터 3년 이내에 사업시행계획인가를 신청하지 아니한 때

4. 지방자치단체의 장이 시행하는 「국토의 계획 및 이용에 관한 법률」 제2조제11호에 따른 도시 · 군계획사업과 병행하여 정비사업을 시행할 필요가 있다고 인정하는 때

5. 제59조제1항에 따른 순환정비방식으로 정비사업을 시행할 필요가 있다고 인정하는 때

6. 제113조에 따라 사업시행계획인가가 취소된 때

7. 해당 정비구역의 국 · 공유지 면적 또는 국 · 공유지와 토지주택공사등이 소유한 토지를 합한 면적이 전체 토지면적의 2분의 1 이상으로서 토지등소유자의 과반수가 시장 · 군수등 또는 토지주택공사등을 사업시행자로 지정하는 것에 동의하는 때

8. 해당 정비구역의 토지면적 2분의 1 이상의 토지소유자와 토지등소유자의 3분의 2 이상에 해당하는 자가 시장 · 군수등 또는 토지주택공사등을 사업시행자로 지정할 것을 요청하는 때. 이 경우 제14조제1항제2호에 따라 토지등소유자가 정비계획의 입안을 제안한 경우 입안제안에 동의한 토지등소유자는 토지주택공사등의 사업시행자 지정에 동의한 것으로 본다. 다만, 사업시행자의 지정 요청 전에 시장 · 군수등 및 제47조에 따른 주민대표회의에 사업시행자의 지정에 대한 반대의 의사표시를 한 토지등소유자의 경우에는 그러하지 아니하다.

② 시장 · 군수등은 제1항에 따라 직접 정비사업을 시행하거나 토지주택공사등을 사업시행자로 지정하는 때에는 정비사업 시행구역 등 토지등소유자에게 알릴 필요가 있는 사항으로서 대통령령으로 정하는 사항을 해당 지방자치단체의 공보에 고시하여야 한다. 다만, 제1항제1호의 경우에는 토지등소유자에게 지체 없이 정비사업의 시행 사유 · 시기 및 방법 등을 통보하여야 한다.

③ 제2항에 따라 시장 · 군수등이 직접 정비사업을 시행하거나 토지주택공사등을 사업시행자로 지정 · 고시한 때에는 그 고시일 다음 날에 추진위원회의 구성승인 또는 조합설립인가가 취소된 것으로 본다. 이 경우 시장 · 군수등은 해당 지방자치단체의 공보에 해당 내용을 고시하여야 한다.

제27조(재개발사업 · 재건축사업의 지정개발자)

① 시장 · 군수등은 재개발사업 및 재건축사업이 다음 각 호의 어느 하나에 해당하는 때에는 토지등소유자, 「사회기반시설에 대한 민간투자법」 제2조제12호에 따른 민관합동법인 또는 신탁업자로서 대통령령으로 정하는 요건을 갖춘 자(이하 "지정개발자"라 한다)를 사업시행자로 지정하여 정비사업을 시행하게 할 수 있다. 〈개정 2018. 6. 12.〉

1. 천재지변, 「재난 및 안전관리 기본법」 제27조 또는 「시설물의 안전 및 유지관리에 관한 특별법」 제23조에 따른 사용제한 · 사용금지, 그 밖의 불가피한 사유로 긴급하게 정비사업을 시행할 필요가 있다고 인정하는 때
2. 제16조제2항 전단에 따라 고시된 정비계획에서 정한 정비사업시행 예정일부터 2년 이내에 사업시행계획인가를 신청하지 아니하거나 사업시행계획인가를 신청한 내용이 위법 또는 부당하다고 인정하는 때(재건축사업의 경우는 제외한다)
3. 제35조에 따른 재개발사업 및 재건축사업의 조합설립을 위한 동의요건 이상에 해당하는 자가 신탁업자를 사업시행자로 지정하는 것에 동의하는 때

② 시장 · 군수등은 제1항에 따라 지정개발자를 사업시행자로 지정하는 때에는 정비사업 시행구역 등 토지등소유자에게 알릴 필요가 있는 사항으로서 대통령령으로 정하는 사항을 해당 지방자치단체의 공보에 고시하여야 한다. 다만, 제1항제1호의 경우에는 토지등소유자에게 지체 없이 정비사업의 시행 사유 · 시기 및 방법 등을 통보하여야 한다.

③ 신탁업자는 제1항제3호에 따른 사업시행자 지정에 필요한 동의를 받기 전에 다음 각 호에 관한 사항을 토지등소유자에게 제공하여야 한다.

1. 토지등소유자별 분담금 추산액 및 산출근거
2. 그 밖에 추정분담금의 산출 등과 관련하여 시 · 도조례로 정하는 사항

④ 제1항제3호에 따른 토지등소유자의 동의는 국토교통부령으로 정하는 동의서에 동의를 받는 방법으로 한다. 이 경우 동의서에는 다음 각 호의 사항이 모두 포함되어야

한다.

1. 건설되는 건축물의 설계의 개요

2. 건축물의 철거 및 새 건축물의 건설에 드는 공사비 등 정비사업에 드는 비용(이하 "정비사업비"라 한다)

3. 정비사업비의 분담기준(신탁업자에게 지급하는 신탁보수 등의 부담에 관한 사항을 포함한다)

4. 사업 완료 후 소유권의 귀속

5. 정비사업의 시행방법 등에 필요한 시행규정

6. 신탁계약의 내용

⑤ 제2항에 따라 시장 · 군수등이 지정개발자를 사업시행자로 지정 · 고시한 때에는 그 고시일 다음 날에 추진위원회의 구성승인 또는 조합설립인가가 취소된 것으로 본다. 이 경우 시장 · 군수등은 해당 지방자치단체의 공보에 해당 내용을 고시하여야 한다.

제28조(재개발사업 · 재건축사업의 사업대행자)

① 시장 · 군수등은 다음 각 호의 어느 하나에 해당하는 경우에는 해당 조합 또는 토지등소유자를 대신하여 직접 정비사업을 시행하거나 토지주택공사등 또는 지정개발자에게 해당 조합 또는 토지등소유자를 대신하여 정비사업을 시행하게 할 수 있다.

1. 장기간 정비사업이 지연되거나 권리관계에 관한 분쟁 등으로 해당 조합 또는 토지등소유자가 시행하는 정비사업을 계속 추진하기 어렵다고 인정하는 경우

2. 토지등소유자(조합을 설립한 경우에는 조합원을 말한다)의 과반수 동의로 요청하는 경우

② 제1항에 따라 정비사업을 대행하는 시장 · 군수등, 토지주택공사등 또는 지정개발자(이하 "사업대행자"라 한다)는 사업시행자에게 청구할 수 있는 보수 또는 비용의 상환에 대한 권리로써 사업시행자에게 귀속될 대지 또는 건축물을 압류할 수 있다.

③ 제1항에 따라 정비사업을 대행하는 경우 사업대행의 개시결정, 그 결정의 고시 및 효과, 사업대행자의 업무집행, 사업대행의 완료와 그 고시 등에 필요한 사항은 대통령령으로 정한다.

*시공자선정 1.조합 2.재개발사업을 토지소유자가시행 3.시장,군수 등 시행

제29조(계약의 방법 및 시공자 선정 등)

① 추진위원장 또는 사업시행자(청산인을 포함한다)는 이 법 또는 다른 법령에 특별한 규정이 있는 경우를 제외하고는 계약(공사, 용역, 물품구매 및 제조 등을 포함한다. 이하 같다)을 체결하려면 일반경쟁에 부쳐야 한다. 다만, 계약규모, 재난의 발생 등 대통령령으로 정하는 경우에는 입찰 참가자를 지명(指名)하여 경쟁에 부치거나 수의계약(隨意契約)으로 할 수 있다. 〈신설 2017. 8. 9.〉

② 제1항 본문에 따라 일반경쟁의 방법으로 계약을 체결하는 경우로서 대통령령으로 정하는 규모를 초과하는 계약은 「전자조달의 이용 및 촉진에 관한 법률」 제2조제4호의 국가종합전자조달시스템(이하 "전자조달시스템"이라 한다)을 이용하여야 한다. 〈신설 2017. 8. 9.〉

③ 제1항 및 제2항에 따라 계약을 체결하는 경우 계약의 방법 및 절차 등에 필요한 사항은 국토교통부장관이 정하여 고시한다. 〈신설 2017. 8. 9.〉

④ 조합은 조합설립인가를 받은 후 조합총회에서 제1항에 따라 경쟁입찰 또는 수의계약(2회 이상 경쟁입찰이 유찰된 경우로 한정한다)의 방법으로 건설업자 또는 등록사업자를 시공자로 선정하여야 한다. 다만, 대통령령으로 정하는 규모 이하의 정비사업은 조합총회에서 정관으로 정하는 바에 따라 선정할 수 있다. 〈개정 2017. 8. 9.〉

⑤ 토지등소유자가 제25조제1항제2호에 따라 재개발사업을 시행하는 경우에는 제1항에도 불구하고 사업시행계획인가를 받은 후 제2조제11호나목에 따른 규약에 따라 건설업자 또는 등록사업자를 시공자로 선정하여야 한다. 〈개정 2017. 8. 9.〉

⑥ 시장·군수등이 제26조제1항 및 제27조제1항에 따라 직접 정비사업을 시행하거나 토지주택공사등 또는 지정개발자를 사업시행자로 지정한 경우 사업시행자는 제26조제2항 및 제27조제2항에 따른 사업시행자 지정·고시 후 제1항에 따른 경쟁입찰 또는

수의계약의 방법으로 건설업자 또는 등록사업자를 시공자로 선정하여야 한다. 〈개정 2017. 8. 9.〉

⑦ 제6항에 따라 시공자를 선정하거나 제23조제1항제4호의 방법으로 시행하는 주거환경개선사업의 사업시행자가 시공자를 선정하는 경우 제47조에 따른 주민대표회의 또는 제48조에 따른 토지등소유자 전체회의는 대통령령으로 정하는 경쟁입찰 또는 수의계약(2회 이상 경쟁입찰이 유찰된 경우로 한정한다)의 방법으로 시공자를 추천할 수 있다. 〈개정 2017. 8. 9.〉

⑧ 제7항에 따라 주민대표회의 또는 토지등소유자 전체회의가 시공자를 추천한 경우 사업시행자는 추천받은 자를 시공자로 선정하여야 한다. 이 경우 시공자와의 계약에 관해서는 「지방자치단체를 당사자로 하는 계약에 관한 법률」 제9조 또는 「공공기관의 운영에 관한 법률」 제39조를 적용하지 아니한다. 〈개정 2017. 8. 9.〉

⑨ 사업시행자(사업대행자를 포함한다)는 제4항부터 제8항까지의 규정에 따라 선정된 시공자와 공사에 관한 계약을 체결할 때에는 기존 건축물의 철거 공사(「석면안전관리법」에 따른 석면 조사 · 해체 · 제거를 포함한다)에 관한 사항을 포함시켜야 한다. 〈개정 2017. 8. 9.〉

[제목개정 2017. 8. 9.]

제29조의2(공사비 검증 요청 등)

① 재개발사업 · 재건축사업의 사업시행자(시장 · 군수등 또는 토지주택공사등이 단독 또는 공동으로 정비사업을 시행하는 경우는 제외한다)는 시공자와 계약 체결 후 다음 각 호의 어느 하나에 해당하는 때에는 제114조에 따른 정비사업 지원기구에 공사비 검증을 요청하여야 한다.

1. 토지등소유자 또는 조합원 5분의 1 이상이 사업시행자에게 검증 의뢰를 요청하는 경우

2. 공사비의 증액 비율(당초 계약금액 대비 누적 증액 규모의 비율로서 생산자물가상승률은 제외한다)이 다음 각 목의 어느 하나에 해당하는 경우

가. 사업시행계획인가 이전에 시공자를 선정한 경우: 100분의 10 이상

나. 사업시행계획인가 이후에 시공자를 선정한 경우: 100분의 5 이상

3. 제1호 또는 제2호에 따른 공사비 검증이 완료된 이후 공사비의 증액 비율(검증

당시 계약금액 대비 누적 증액 규모의 비율로서 생산자물가상승률은 제외한다)이 100분의 3 이상인 경우

② 제1항에 따른 공사비 검증의 방법 및 절차, 검증 수수료, 그 밖에 필요한 사항은 국토교통부장관이 정하여 고시한다.

[본조신설 2019. 4. 23.]

제30조(임대사업자의 선정)

① 사업시행자는 공공지원민간임대주택을 원활히 공급하기 위하여 국토교통부장관이 정하는 경쟁입찰의 방법 또는 수의계약(2회 이상 경쟁입찰이 유찰된 경우로 한정한다)의 방법으로 「민간임대주택에 관한 특별법」 제2조제7호에 따른 임대사업자(이하 "임대사업자"라 한다)를 선정할 수 있다. 〈개정 2018. 1. 16.〉

② 제1항에 따른 임대사업자의 선정절차 등에 필요한 사항은 국토교통부장관이 정하여 고시할 수 있다. 〈개정 2018. 1. 16.〉

[제목개정 2018. 1. 16.]

제2절 조합설립추진위원회 및 조합의 설립 등

*조합설립추진위원회 1.구성 2.업무 3.창립총회의 업무 4.권리의무 승계

제31조(조합설립추진위원회의 구성 · 승인)

① 조합을 설립하려는 경우에는 제16조에 따른 정비구역 지정 · 고시 후 다음 각 호의 사항에 대하여 토지등소유자 과반수의 동의를 받아 조합설립을 위한 추진위원회를 구성하여 국토교통부령으로 정하는 방법과 절차에 따라 시장 · 군수등의 승인을 받아야 한다.

1. 추진위원회 위원장(이하 "추진위원장"이라 한다)을 포함한 5명 이상의 추진위원회 위원(이하 "추진위원"이라 한다)

2. 제34조제1항에 따른 운영규정

② 제1항에 따라 추진위원회의 구성에 동의한 토지등소유자(이하 이 조에서 "추진위원회 동의자"라 한다)는 제35조제1항부터 제5항까지의 규정에 따른 조합의 설립에 동의한 것으로 본다. 다만, 조합설립인가를 신청하기 전에 시장 · 군수등 및 추진위원회에 조합설립에 대한 반대의 의사표시를 한 추진위원회 동의자의 경우에는 그러하지 아니하다.

③ 제1항에 따른 토지등소유자의 동의를 받으려는 자는 대통령령으로 정하는 방법 및 절차에 따라야 한다. 이 경우 동의를 받기 전에 제2항의 내용을 설명 · 고지하여야 한다.

④ 정비사업에 대하여 제118조에 따른 공공지원을 하려는 경우에는 추진위원회를 구성하지 아니할 수 있다. 이 경우 조합설립 방법 및 절차 등에 필요한 사항은 대통령령으로 정한다.

제32조(추진위원회의 기능)

① 추진위원회는 다음 각 호의 업무를 수행할 수 있다.

1. 제102조에 따른 정비사업전문관리업자(이하 "정비사업전문관리업자"라 한다)의 선정 및 변경
2. 설계자의 선정 및 변경
3. 개략적인 정비사업 시행계획서의 작성
4. 조합설립인가를 받기 위한 준비업무
5. 그 밖에 조합설립을 추진하기 위하여 대통령령으로 정하는 업무

② 추진위원회가 정비사업전문관리업자를 선정하려는 경우에는 제31조에 따라 추진위원회 승인을 받은 후 제29조제1항에 따른 경쟁입찰 또는 수의계약(2회 이상 경쟁입찰이 유찰된 경우로 한정한다)의 방법으로 선정하여야 한다. 〈개정 2017. 8. 9.〉

③ 추진위원회는 제35조제2항, 제3항 및 제5항에 따른 조합설립인가를 신청하기 전에 대통령령으로 정하는 방법 및 절차에 따라 조합설립을 위한 창립총회를 개최하여야 한다.

④ 추진위원회가 제1항에 따라 수행하는 업무의 내용이 토지등소유자의 비용부담을 수반하거나 권리 · 의무에 변동을 발생시키는 경우로서 대통령령으로 정하는 사항에 대하여는 그 업무를 수행하기 전에 대통령령으로 정하는 비율 이상의 토지등소유자의

동의를 받아야 한다.

제33조(추진위원회의 조직)

① 추진위원회는 추진위원회를 대표하는 추진위원장 1명과 감사를 두어야 한다.

② 추진위원의 선출에 관한 선거관리는 제41조제3항을 준용한다. 이 경우 "조합"은 "추진위원회"로, "조합임원"은 "추진위원"으로 본다.

③ 토지등소유자는 제34조에 따른 추진위원회의 운영규정에 따라 추진위원회에 추진위원의 교체 및 해임을 요구할 수 있으며, 추진위원장이 사임, 해임, 임기만료, 그 밖에 불가피한 사유 등으로 직무를 수행할 수 없는 때부터 6개월 이상 선임되지 아니한 경우 그 업무의 대행에 관하여는 제41조제5항 단서를 준용한다. 이 경우 "조합임원"은 "추진위원장"으로 본다.

④ 제3항에 따른 추진위원의 교체 · 해임 절차 등에 필요한 사항은 제34조제1항에 따른 운영규정에 따른다.

⑤ 추진위원의 결격사유는 제43조제1항부터 제3항까지를 준용한다. 이 경우 "조합"은 "추진위원회"로, "조합임원"은 "추진위원"으로 본다.

제34조(추진위원회의 운영)

① 국토교통부장관은 추진위원회의 공정한 운영을 위하여 다음 각 호의 사항을 포함한 추진위원회의 운영규정을 정하여 고시하여야 한다.

1. 추진위원의 선임방법 및 변경
2. 추진위원의 권리 · 의무
3. 추진위원회의 업무범위
4. 추진위원회의 운영방법
5. 토지등소유자의 운영경비 납부
6. 추진위원회 운영자금의 차입
7. 그 밖에 추진위원회의 운영에 필요한 사항으로서 대통령령으로 정하는 사항

② 추진위원회는 운영규정에 따라 운영하여야 하며, 토지등소유자는 운영에 필요한 경비를 운영규정에 따라 납부하여야 한다.

③ 추진위원회는 수행한 업무를 제44조에 따른 총회(이하 "총회"라 한다)에 보고하여야 하며, 그 업무와 관련된 권리 · 의무는 조합이 포괄 승계한다.

④ 추진위원회는 사용경비를 기재한 회계장부 및 관계 서류를 조합설립인가일부터 30일 이내에 조합에 인계하여야 한다.

⑤ 추진위원회의 운영에 필요한 사항은 대통령령으로 정한다.

*정비사업조합 1.설립 2.인가 3.등기 *설립동의 및 철회

제35조(조합설립인가 등)

① 시장 · 군수등, 토지주택공사등 또는 지정개발자가 아닌 자가 정비사업을 시행하려는 경우에는 토지등소유자로 구성된 조합을 설립하여야 한다. 다만, 제25조제1항제2호에 따라 토지등소유자가 재개발사업을 시행하려는 경우에는 그러하지 아니하다.

② 재개발사업의 추진위원회(제31조제4항에 따라 추진위원회를 구성하지 아니하는 경우에는 토지등소유자를 말한다)가 조합을 설립하려면 토지등소유자의 4분의 3 이상 및 토지면적의 2분의 1 이상의 토지소유자의 동의를 받아 다음 각 호의 사항을 첨부하여 시장 · 군수등의 인가를 받아야 한다.

1. 정관
2. 정비사업비와 관련된 자료 등 국토교통부령으로 정하는 서류
3. 그 밖에 시 · 도조례로 정하는 서류

③ 재건축사업의 추진위원회(제31조제4항에 따라 추진위원회를 구성하지 아니하는 경우에는 토지등소유자를 말한다)가 조합을 설립하려는 때에는 주택단지의 공동주택의 각 동(복리시설의 경우에는 주택단지의 복리시설 전체를 하나의 동으로 본다)별 구분소유자의 과반수 동의(공동주택의 각 동별 구분소유자가 5 이하인 경우는 제외한다)와 주택단지의 전체 구분소유자의 4분의 3 이상 및 토지면적의 4분의 3 이상의 토지소유자의 동의를 받아 제2항 각 호의 사항을 첨부하여 시장 · 군수등의 인가를 받아야

한다.

④ 제3항에도 불구하고 주택단지가 아닌 지역이 정비구역에 포함된 때에는 주택단지가 아닌 지역의 토지 또는 건축물 소유자의 4분의 3 이상 및 토지면적의 3분의 2 이상의 토지소유자의 동의를 받아야 한다. 〈개정 2019. 4. 23.〉

⑤ 제2항 및 제3항에 따라 설립된 조합이 인가받은 사항을 변경하고자 하는 때에는 총회에서 조합원의 3분의 2 이상의 찬성으로 의결하고, 제2항 각 호의 사항을 첨부하여 시장·군수등의 인가를 받아야 한다. 다만, 대통령령으로 정하는 경미한 사항을 변경하려는 때에는 총회의 의결 없이 시장·군수등에게 신고하고 변경할 수 있다.

⑥ 조합이 정비사업을 시행하는 경우 「주택법」 제54조를 적용할 때에는 조합을 같은 법 제2조제10호에 따른 사업주체로 보며, 조합설립인가일부터 같은 법 제4조에 따른 주택건설사업 등의 등록을 한 것으로 본다.

⑦ 제2항부터 제5항까지의 규정에 따른 토지등소유자에 대한 동의의 대상 및 절차, 조합설립 신청 및 인가 절차, 인가받은 사항의 변경 등에 필요한 사항은 대통령령으로 정한다.

⑧ 추진위원회는 조합설립에 필요한 동의를 받기 전에 추정분담금 등 대통령령으로 정하는 정보를 토지등소유자에게 제공하여야 한다.

제36조(토지등소유자의 동의방법 등)

① 다음 각 호에 대한 동의(동의한 사항의 철회 또는 제26조제1항제8호 단서, 제31조제2항 단서 및 제47조제4항 단서에 따른 반대의 의사표시를 포함한다)는 서면동의서에 토지등소유자가 성명을 적고 지장(指章)을 날인하는 방법으로 하며, 주민등록증, 여권 등 신원을 확인할 수 있는 신분증명서의 사본을 첨부하여야 한다.

1. 제20조제6항제1호에 따라 정비구역등 해제의 연장을 요청하는 경우
2. 제21조제1항제4호에 따라 정비구역의 해제에 동의하는 경우
3. 제24조제1항에 따라 주거환경개선사업의 시행자를 토지주택공사등으로 지정하는 경우
4. 제25조제1항제2호에 따라 토지등소유자가 재개발사업을 시행하려는 경우

5. 제26조 또는 제27조에 따라 재개발사업 · 재건축사업의 공공시행자 또는 지정개발자를 지정하는 경우

6. 제31조제1항에 따라 조합설립을 위한 추진위원회를 구성하는 경우

7. 제32조제4항에 따라 추진위원회의 업무가 토지등소유자의 비용부담을 수반하거나 권리 · 의무에 변동을 가져오는 경우

8. 제35조제2항부터 제5항까지의 규정에 따라 조합을 설립하는 경우

9. 제47조제3항에 따라 주민대표회의를 구성하는 경우

10. 제50조제4항에 따라 사업시행계획인가를 신청하는 경우

11. 제58조제3항에 따라 사업시행자가 사업시행계획서를 작성하려는 경우

② 제1항에도 불구하고 토지등소유자가 해외에 장기체류하거나 법인인 경우 등 불가피한 사유가 있다고 시장 · 군수등이 인정하는 경우에는 토지등소유자의 인감도장을 찍은 서면동의서에 해당 인감증명서를 첨부하는 방법으로 할 수 있다.

③ 제1항 및 제2항에 따라 서면동의서를 작성하는 경우 제31조제1항 및 제35조제2항부터 제4항까지의 규정에 해당하는 때에는 시장 · 군수등이 대통령령으로 정하는 방법에 따라 검인(檢印)한 서면동의서를 사용하여야 하며, 검인을 받지 아니한 서면동의서는 그 효력이 발생하지 아니한다.

④ 제1항, 제2항 및 제12조에 따른 토지등소유자의 동의자 수 산정 방법 및 절차 등에 필요한 사항은 대통령령으로 정한다.

제37조(토지등소유자의 동의서 재사용의 특례)

① 조합설립인가(변경인가를 포함한다. 이하 이 조에서 같다)를 받은 후에 동의서 위조, 동의 철회, 동의율 미달 또는 동의자 수 산정방법에 관한 하자 등으로 다툼이 있는 경우로서 다음 각 호의 어느 하나에 해당하는 때에는 동의서의 유효성에 다툼이 없는 토지등소유자의 동의서를 다시 사용할 수 있다.

1. 조합설립인가의 무효 또는 취소소송 중에 일부 동의서를 추가 또는 보완하여 조합설립변경인가를 신청하는 때

2. 법원의 판결로 조합설립인가의 무효 또는 취소가 확정되어 조합설립인가를 다시 신청하는 때

② 조합(제1항제2호의 경우에는 추진위원회를 말한다)이 제1항에 따른 토지등소유자의 동의서를 다시 사용하려면 다음 각 호의 요건을 충족하여야 한다.

1. 토지등소유자에게 기존 동의서를 다시 사용할 수 있다는 취지와 반대 의사표시의 절차 및 방법을 설명·고지할 것

2. 제1항제2호의 경우에는 다음 각 목의 요건

가. 조합설립인가의 무효 또는 취소가 확정된 조합과 새롭게 설립하려는 조합이 추진하려는 정비사업의 목적과 방식이 동일할 것

나. 조합설립인가의 무효 또는 취소가 확정된 날부터 3년의 범위에서 대통령령으로 정하는 기간 내에 새로운 조합을 설립하기 위한 창립총회를 개최할 것

③ 제1항에 따른 토지등소유자의 동의서 재사용의 요건(정비사업의 내용 및 정비계획의 변경범위 등을 포함한다), 방법 및 절차 등에 필요한 사항은 대통령령으로 정한다.

제38조(조합의 법인격 등)

① 조합은 법인으로 한다.

② 조합은 조합설립인가를 받은 날부터 30일 이내에 주된 사무소의 소재지에서 대통령령으로 정하는 사항을 등기하는 때에 성립한다.

③ 조합은 명칭에 "정비사업조합"이라는 문자를 사용하여야 한다.

*조합원의 지위 및 이전

제39조(조합원의 자격 등)

① 제25조에 따른 정비사업의 조합원(사업시행자가 신탁업자인 경우에는 위탁자를 말한다. 이하 이 조에서 같다)은 토지등소유자(재건축사업의 경우에는 재건축사업에 동의한 자만 해당한다)로 하되, 다음 각 호의 어느 하나에 해당하는 때에는 그 여러 명을 대표하는 1명을 조합원으로 본다. 다만, 「국가균형발전 특별법」 제18조에 따른 공공기관지방이전 및 혁신도시 활성화를 위한 시책 등에 따라 이전하는 공공기관이 소유한 토지 또는 건축물을 양수한 경우 양수한 자(공유의 경우 대표자 1명을 말한다)를 조합원으로 본다. 〈개정 2017. 8. 9., 2018. 3. 20.〉

1. 토지 또는 건축물의 소유권과 지상권이 여러 명의 공유에 속하는 때

2. 여러 명의 토지등소유자가 1세대에 속하는 때. 이 경우 동일한 세대별 주민등록

표 상에 등재되어 있지 아니한 배우자 및 미혼인 19세 미만의 직계비속은 1세대로 보며, 1세대로 구성된 여러 명의 토지등소유자가 조합설립인가 후 세대를 분리하여 동일한 세대에 속하지 아니하는 때에도 이혼 및 19세 이상 자녀의 분가(세대별 주민등록을 달리하고, 실거주지를 분가한 경우로 한정한다)를 제외하고는 1세대로 본다.

3. 조합설립인가(조합설립인가 전에 제27조제1항제3호에 따라 신탁업자를 사업시행자로 지정한 경우에는 사업시행자의 지정을 말한다. 이하 이 조에서 같다) 후 1명의 토지등소유자로부터 토지 또는 건축물의 소유권이나 지상권을 양수하여 여러 명이 소유하게 된 때

② 「주택법」 제63조제1항에 따른 투기과열지구(이하 "투기과열지구"라 한다)로 지정된 지역에서 재건축사업을 시행하는 경우에는 조합설립인가 후, 재개발사업을 시행하는 경우에는 제74조에 따른 관리처분계획의 인가 후 해당 정비사업의 건축물 또는 토지를 양수(매매 · 증여, 그 밖의 권리의 변동을 수반하는 일체의 행위를 포함하되, 상속 · 이혼으로 인한 양도 · 양수의 경우는 제외한다. 이하 이 조에서 같다)한 자는 제1항에도 불구하고 조합원이 될 수 없다. 다만, 양도인이 다음 각 호의 어느 하나에 해당하는 경우 그 양도인으로부터 그 건축물 또는 토지를 양수한 자는 그러하지 아니하다. 〈개정 2017. 10. 24.〉

1. 세대원(세대주가 포함된 세대의 구성원을 말한다. 이하 이 조에서 같다)의 근무상 또는 생업상의 사정이나 질병치료(「의료법」 제3조에 따른 의료기관의 장이 1년 이상의 치료나 요양이 필요하다고 인정하는 경우로 한정한다) · 취학 · 결혼으로 세대원이 모두 해당 사업구역에 위치하지 아니한 특별시 · 광역시 · 특별자치시 · 특별자치도 · 시 또는 군으로 이전하는 경우
2. 상속으로 취득한 주택으로 세대원 모두 이전하는 경우
3. 세대원 모두 해외로 이주하거나 세대원 모두 2년 이상 해외에 체류하려는 경우
4. 1세대(제1항제2호에 따라 1세대에 속하는 때를 말한다) 1주택자로서 양도하는 주택에 대한 소유기간 및 거주기간이 대통령령으로 정하는 기간 이상인 경우
5. 그 밖에 불가피한 사정으로 양도하는 경우로서 대통령령으로 정하는 경우

③ 사업시행자는 제2항 각 호 외의 부분 본문에 따라 조합원의 자격을 취득할 수 없는 경우 정비사업의 토지, 건축물 또는 그 밖의 권리를 취득한 자에게 제73조를 준용하여 손실보상을 하여야 한다.

[법률 제14567호(2017. 2. 8.) 부칙 제2조의 규정에 의하여 이 조 제1항 각 호 외

의 부분 단서는 2018년 1월 26일까지 유효함]

(조합원)

① 법 제39조제2항제4호에서 "대통령령으로 정하는 기간"이란 다음 각 호의 구분에 따른 기간을 말한다. 이 경우 소유자가 피상속인으로부터 주택을 상속받아 소유권을 취득한 경우에는 피상속인의 주택의 소유기간 및 거주기간을 합산한다.

1. 소유기간: 10년
2. 거주기간(「주민등록법」 제7조에 따른 주민등록표를 기준으로 하며, 소유자가 거주하지 아니 하고 소유자의 배우자나 직계존비속이 해당 주택에 거주한 경우에는 그 기간을 합산한다): 5년

② 법 제39조제2항제5호에서 "대통령령으로 정하는 경우"란 다음 각 호의 어느 하나에 해당하는 경우를 말한다.

1. 조합설립인가일부터 3년 이상 사업시행인가 신청이 없는 재건축사업의 건축물을 3년 이상 계속하여 소유하고 있는 자(소유기간을 산정할 때 소유자가 피상속인으로부터 상속받아 소유권을 취득한 경우에는 피상속인의 소유기간을 합산한다. 이하 제2호 및 제3호에서 같다)가 사업시행인가 신청 전에 양도하는 경우
2. 사업시행계획인가일부터 3년 이내에 착공하지 못한 재건축사업의 토지 또는 건축물을 3년 이상 계속하여 소유하고 있는 자가 착공 전에 양도하는 경우
3. 착공일부터 3년 이상 준공되지 아니한 재건축사업의 토지를 3년 이상 계속하여 소유하고 있는 경우
4. 법률 제7056호 도시및주거환경정비법 일부개정법률 부칙 제2항에 따른 토지등소유자로부터 상속 · 이혼으로 인하여 토지 또는 건축물을 소유한 자
5. 국가 · 지방자치단체 및 금융기관(「주택법 시행령」 제71조제1호 각 목의 금융기관을 말한다)에 대한 채무를 이행하지 못하여 재건축사업의 토지 또는 건축물이 경매 또는 공매되는 경우
6. 「주택법」 제63조제1항에 따른 투기과열지구(이하 "투기과열지구"라 한다)로 지정되기 전에 건축물 또는 토지를 양도하기 위한 계약(계약금 지급 내역 등으로 계약일을 확인할 수 있는 경우로 한정한다)을 체결하고, 투기과열지구로 지정된 날부터 60일 이내에 「부동산 거래신고 등에 관한 법률」 제3조에 따라 부동산 거래의 신고를 한 경우

제40조(정관의 기재사항 등)

① 조합의 정관에는 다음 각 호의 사항이 포함되어야 한다.

1. 조합의 명칭 및 사무소의 소재지
2. 조합원의 자격
3. 조합원의 제명 · 탈퇴 및 교체
4. 정비구역의 위치 및 면적
5. 제41조에 따른 조합의 임원(이하 "조합임원"이라 한다)의 수 및 업무의 범위

6. 조합임원의 권리 · 의무 · 보수 · 선임방법 · 변경 및 해임
7. 대의원의 수, 선임방법, 선임절차 및 대의원회의 의결방법
8. 조합의 비용부담 및 조합의 회계
9. 정비사업의 시행연도 및 시행방법
10. 총회의 소집 절차 · 시기 및 의결방법
11. 총회의 개최 및 조합원의 총회소집 요구
12. 제73조제3항에 따른 이자 지급
13. 정비사업비의 부담 시기 및 절차
14. 정비사업이 종결된 때의 청산절차
15. 청산금의 징수 · 지급의 방법 및 절차
16. 시공자 · 설계자의 선정 및 계약서에 포함될 내용
17. 정관의 변경절차
18. 그 밖에 정비사업의 추진 및 조합의 운영을 위하여 필요한 사항으로서 대통령령으로 정하는 사항

② 시 · 도지사는 제1항 각 호의 사항이 포함된 표준정관을 작성하여 보급할 수 있다. 〈개정 2019. 4. 23.〉

③ 조합이 정관을 변경하려는 경우에는 제35조제2항부터 제5항까지의 규정에도 불구하고 총회를 개최하여 조합원 과반수의 찬성으로 시장 · 군수등의 인가를 받아야 한다. 다만, 제1항제2호 · 제3호 · 제4호 · 제8호 · 제13호 또는 제16호의 경우에는 조합원 3분의 2 이상의 찬성으로 한다.

④ 제3항에도 불구하고 대통령령으로 정하는 경미한 사항을 변경하려는 때에는 이 법 또는 정관으로 정하는 방법에 따라 변경하고 시장 · 군수등에게 신고하여야 한다.

*조합의 임원 1.지위 2.임기 3.결격사유

제41조(조합의 임원)

① 조합은 다음 각 호의 어느 하나의 요건을 갖춘 조합장 1명과 이사, 감사를 임원으

로 둔다. 이 경우 조합장은 선임일부터 제74조제1항에 따른 관리처분계획인가를 받을 때까지는 해당 정비구역에서 거주(영업을 하는 자의 경우 영업을 말한다. 이하 이 조 및 제43조에서 같다)하여야 한다. 〈개정 2019. 4. 23.〉

1. 정비구역에서 거주하고 있는 자로서 선임일 직전 3년 동안 정비구역 내 거주 기간이 1년 이상일 것

2. 정비구역에 위치한 건축물 또는 토지(재건축사업의 경우에는 건축물과 그 부속토지를 말한다)를 5년 이상 소유하고 있을 것

3. 삭제 〈2019. 4. 23.〉

② 조합의 이사와 감사의 수는 대통령령으로 정하는 범위에서 정관으로 정한다.

③ 조합은 총회 의결을 거쳐 조합임원의 선출에 관한 선거관리를 「선거관리위원회법」 제3조에 따라 선거관리위원회에 위탁할 수 있다.

④ 조합임원의 임기는 3년 이하의 범위에서 정관으로 정하되, 연임할 수 있다.

⑤ 조합임원의 선출방법 등은 정관으로 정한다. 다만, 시장·군수등은 다음 각 호의 어느 하나에 해당하는 경우 시·도조례로 정하는 바에 따라 변호사·회계사·기술사 등으로서 대통령령으로 정하는 요건을 갖춘 자를 전문조합관리인으로 선정하여 조합임원의 업무를 대행하게 할 수 있다. 〈개정 2019. 4. 23.〉

1. 조합임원이 사임, 해임, 임기만료, 그 밖에 불가피한 사유 등으로 직무를 수행할 수 없는 때부터 6개월 이상 선임되지 아니한 경우

2. 총회에서 조합원 과반수의 출석과 출석 조합원 과반수의 동의로 전문조합관리인의 선정을 요청하는 경우

⑥ 제5항에 따른 전문조합관리인의 선정절차, 업무집행 등에 필요한 사항은 대통령령으로 정한다.

제42조(조합임원의 직무 등)

① 조합장은 조합을 대표하고, 그 사무를 총괄하며, 총회 또는 제46조에 따른 대의원회의 의장이 된다.

② 제1항에 따라 조합장이 대의원회의 의장이 되는 경우에는 대의원으로 본다.

③ 조합장 또는 이사가 자기를 위하여 조합과 계약이나 소송을 할 때에는 감사가 조합을 대표한다.

④ 조합임원은 같은 목적의 정비사업을 하는 다른 조합의 임원 또는 직원을 겸할 수 없다.

제43조(조합임원 등의 결격사유 및 해임)

① 다음 각 호의 어느 하나에 해당하는 자는 조합임원 또는 전문조합관리인이 될 수 없다. 〈개정 2019. 4. 23.〉

1. 미성년자 · 피성년후견인 또는 피한정후견인
2. 파산선고를 받고 복권되지 아니한 자
3. 금고 이상의 실형을 선고받고 그 집행이 종료(종료된 것으로 보는 경우를 포함한다)되거나 집행이 면제된 날부터 2년이 경과되지 아니한 자
4. 금고 이상의 형의 집행유예를 받고 그 유예기간 중에 있는 자
5. 이 법을 위반하여 벌금 100만원 이상의 형을 선고받고 10년이 지나지 아니한 자

② 조합임원이 다음 각 호의 어느 하나에 해당하는 경우에는 당연 퇴임한다. 〈개정 2019. 4. 23.〉

1. 제1항 각 호의 어느 하나에 해당하게 되거나 선임 당시 그에 해당하는 자이었음이 판명된 경우
2. 조합임원이 제41조제1항에 따른 자격요건을 갖추지 못한 경우

③ 제2항에 따라 퇴임된 임원이 퇴임 전에 관여한 행위는 그 효력을 잃지 아니한다.

④ 조합임원은 제44조제2항에도 불구하고 조합원 10분의 1 이상의 요구로 소집된 총회에서 조합원 과반수의 출석과 출석 조합원 과반수의 동의를 받아 해임할 수 있다. 이 경우 요구자 대표로 선출된 자가 해임 총회의 소집 및 진행을 할 때에는 조합장의 권한을 대행한다.

⑤ 제41조제5항제2호에 따라 시장 · 군수등이 전문조합관리인을 선정한 경우 전문조

합관리인이 업무를 대행할 임원은 당연 퇴임한다. 〈신설 2019. 4. 23.〉
[제목개정 2019. 4. 23.]

*조합총회 1.소집 2.회의 3.의결정족수 *대의원회 *정관변경

제44조(총회의 소집)

① 조합에는 조합원으로 구성되는 총회를 둔다.

② 총회는 조합장이 직권으로 소집하거나 조합원 5분의 1 이상(정관의 기재사항 중 제40조제1항제6호에 따른 조합임원의 권리·의무·보수·선임방법·변경 및 해임에 관한 사항을 변경하기 위한 총회의 경우는 10분의 1 이상으로 한다) 또는 대의원 3분의 2 이상의 요구로 조합장이 소집한다. 〈개정 2019. 4. 23.〉

③ 제2항에도 불구하고 조합임원의 사임, 해임 또는 임기만료 후 6개월 이상 조합임원이 선임되지 아니한 경우에는 시장·군수등이 조합임원 선출을 위한 총회를 소집할 수 있다.

④ 제2항 및 제3항에 따라 총회를 소집하려는 자는 총회가 개최되기 7일 전까지 회의 목적·안건·일시 및 장소를 정하여 조합원에게 통지하여야 한다.

⑤ 총회의 소집 절차·시기 등에 필요한 사항은 정관으로 정한다.

제45조(총회의 의결)

① 다음 각 호의 사항은 총회의 의결을 거쳐야 한다. 〈개정 2019. 4. 23.〉
1. 정관의 변경(제40조제4항에 따른 경미한 사항의 변경은 이 법 또는 정관에서 총회의결사항으로 정한 경우로 한정한다)
2. 자금의 차입과 그 방법·이자율 및 상환방법
3. 정비사업비의 세부 항목별 사용계획이 포함된 예산안 및 예산의 사용내역
4. 예산으로 정한 사항 외에 조합원에게 부담이 되는 계약

5. 시공자 · 설계자 또는 감정평가업자(제74조제2항에 따라 시장 · 군수등이 선정 · 계약하는 감정평가업자는 제외한다)의 선정 및 변경. 다만, 감정평가업자 선정 및 변경은 총회의 의결을 거쳐 시장 · 군수등에게 위탁할 수 있다.

6. 정비사업전문관리업자의 선정 및 변경

7. 조합임원의 선임 및 해임

8. 정비사업비의 조합원별 분담내역

9. 제52조에 따른 사업시행계획서의 작성 및 변경(제50조제1항 본문에 따른 정비사업의 중지 또는 폐지에 관한 사항을 포함하며, 같은 항 단서에 따른 경미한 변경은 제외한다)

10. 제74조에 따른 관리처분계획의 수립 및 변경(제74조제1항 각 호 외의 부분 단서에 따른 경미한 변경은 제외한다)

11. 제89조에 따른 청산금의 징수 · 지급(분할징수 · 분할지급을 포함한다)과 조합 해산 시의 회계보고

12. 제93조에 따른 비용의 금액 및 징수방법

13. 그 밖에 조합원에게 경제적 부담을 주는 사항 등 주요한 사항을 결정하기 위하여 대통령령 또는 정관으로 정하는 사항

② 제1항 각 호의 사항 중 이 법 또는 정관에 따라 조합원의 동의가 필요한 사항은 총회에 상정하여야 한다.

③ 총회의 의결은 이 법 또는 정관에 다른 규정이 없으면 조합원 과반수의 출석과 출석 조합원의 과반수 찬성으로 한다.

④ 제1항제9호 및 제10호의 경우에는 조합원 과반수의 찬성으로 의결한다. 다만, 정비사업비가 100분의 10(생산자물가상승률분, 제73조에 따른 손실보상 금액은 제외한다) 이상 늘어나는 경우에는 조합원 3분의 2 이상의 찬성으로 의결하여야 한다.

⑤ 조합원은 서면으로 의결권을 행사하거나 다음 각 호의 어느 하나에 해당하는 경우에는 대리인을 통하여 의결권을 행사할 수 있다. 서면으로 의결권을 행사하는 경우에는 정족수를 산정할 때에 출석한 것으로 본다.

1. 조합원이 권한을 행사할 수 없어 배우자, 직계존비속 또는 형제자매 중에서 성년자를 대리인으로 정하여 위임장을 제출하는 경우

2. 해외에 거주하는 조합원이 대리인을 지정하는 경우

3. 법인인 토지등소유자가 대리인을 지정하는 경우. 이 경우 법인의 대리인은 조합임원 또는 대의원으로 선임될 수 있다.

⑥ 총회의 의결은 조합원의 100분의 10 이상이 직접 출석하여야 한다. 다만, 창립총회, 사업시행계획서의 작성 및 변경, 관리처분계획의 수립 및 변경을 의결하는 총회 등 대통령령으로 정하는 총회의 경우에는 조합원의 100분의 20 이상이 직접 출석하여야 한다.

⑦ 총회의 의결방법 등에 필요한 사항은 정관으로 정한다.

제46조(대의원회)

① 조합원의 수가 100명 이상인 조합은 대의원회를 두어야 한다.

② 대의원회는 조합원의 10분의 1 이상으로 구성한다. 다만, 조합원의 10분의 1이 100명을 넘는 경우에는 조합원의 10분의 1의 범위에서 100명 이상으로 구성할 수 있다.

③ 조합장이 아닌 조합임원은 대의원이 될 수 없다.

④ 대의원회는 총회의 의결사항 중 대통령령으로 정하는 사항 외에는 총회의 권한을 대행할 수 있다.

⑤ 대의원의 수, 선임방법, 선임절차 및 대의원회의 의결방법 등은 대통령령으로 정하는 범위에서 정관으로 정한다.

(대의원회가 총회의 권한을 대행할 수 없는 사항)
법 제46조제4항에서 "대통령령으로 정하는 사항"이란 다음 각 호의 사항을 말한다.

1. 법 제45조제1항제1호에 따른 정관의 변경에 관한 사항(법 제40조제4항에 따른 경미한 사항의 변경은 법 또는 정관에서 총회의결사항으로 정한 경우로 한정한다)
2. 법 제45조제1항제2호에 따른 자금의 차입과 그 방법 · 이자율 및 상환방법에 관한 사항
3. 법 제45조제1항제4호에 따른 예산으로 정한 사항 외에 조합원에게 부담이 되는 계약에 관한 사항
4. 법 제45조제1항제5호에 따른 시공자 · 설계자 또는 감정평가업자(법 제74조제2항에 따라 시장 · 군수등이 선정 · 계약하는 감정평가업자는 제외한다)의 선정 및 변경에 관한 사항
5. 법 제45조제1항제6호에 따른 정비사업전문관리업자의 선정 및 변경에 관한 사항
6. 법 제45조제1항제7호에 따른 조합임원의 선임 및 해임과 제42조제1항제2호에 따른 대의원의 선임 및 해임에 관한 사항. 다만, 정관으로 정하는 바에 따라 임기중 궐위된 자(조합장은 제외한다)를 보궐선임하는 경우를 제외한다.
7. 법 제45조제1항제9호에 따른 사업시행계획서의 작성 및 변경에 관한 사항(법 제50조제1항 본문에 따른 정비사업의 중지 또는 폐지에 관한 사항을 포함하며, 같은 항 단서에 따른 경미한 변경은 제외한다)
8. 법 제45조제1항제10호에 따른 관리처분계획의 수립 및 변경에 관한 사항(법 제74조제1항 각 호 외의 부분 단서에 따른 경미한 변경은 제외한다)
9. 법 제45조제2항에 따라 총회에 상정하여야 하는 사항
10. 제42조제1항제1호에 따른 조합의 합병 또는 해산에 관한 사항. 다만, 사업완료로 인한 해산의 경우는 제외한다.
11. 제42조제1항제3호에 따른 건설되는 건축물의 설계 개요의 변경에 관한 사항
12. 제42조제1항제4호에 따른 정비사업비의 변경에 관한 사항

제47조(주민대표회의)

① 토지등소유자가 시장 · 군수등 또는 토지주택공사등의 사업시행을 원하는 경우에는 정비구역 지정 · 고시 후 주민대표기구(이하 "주민대표회의"라 한다)를 구성하여야 한다.

② 주민대표회의는 위원장을 포함하여 5명 이상 25명 이하로 구성한다.

③ 주민대표회의는 토지등소유자의 과반수의 동의를 받아 구성하며, 국토교통부령으로 정하는 방법 및 절차에 따라 시장 · 군수등의 승인을 받아야 한다.

④ 제3항에 따라 주민대표회의의 구성에 동의한 자는 제26조제1항제8호 후단에 따른

사업시행자의 지정에 동의한 것으로 본다. 다만, 사업시행자의 지정 요청 전에 시장 · 군수등 및 주민대표회의에 사업시행자의 지정에 대한 반대의 의사표시를 한 토지등소유자의 경우에는 그러하지 아니하다.

⑤ 주민대표회의 또는 세입자(상가세입자를 포함한다. 이하 같다)는 사업시행자가 다음 각 호의 사항에 관하여 제53조에 따른 시행규정을 정하는 때에 의견을 제시할 수 있다. 이 경우 사업시행자는 주민대표회의 또는 세입자의 의견을 반영하기 위하여 노력하여야 한다.

1. 건축물의 철거
2. 주민의 이주(세입자의 퇴거에 관한 사항을 포함한다)
3. 토지 및 건축물의 보상(세입자에 대한 주거이전비 등 보상에 관한 사항을 포함한다)
4. 정비사업비의 부담
5. 세입자에 대한 임대주택의 공급 및 입주자격
6. 그 밖에 정비사업의 시행을 위하여 필요한 사항으로서 대통령령으로 정하는 사항

⑥ 주민대표회의의 운영, 비용부담, 위원의 선임 방법 및 절차 등에 필요한 사항은 대통령령으로 정한다.

제48조(토지등소유자 전체회의)

① 제27조제1항제3호에 따라 사업시행자로 지정된 신탁업자는 다음 각 호의 사항에 관하여 해당 정비사업의 토지등소유자(재건축사업의 경우에는 신탁업자를 사업시행자로 지정하는 것에 동의한 토지등소유자를 말한다. 이하 이 조에서 같다) 전원으로 구성되는 회의(이하 "토지등소유자 전체회의"라 한다)의 의결을 거쳐야 한다.

1. 시행규정의 확정 및 변경
2. 정비사업비의 사용 및 변경
3. 정비사업전문관리업자와의 계약 등 토지등소유자의 부담이 될 계약
4. 시공자의 선정 및 변경
5. 정비사업비의 토지등소유자별 분담내역
6. 자금의 차입과 그 방법 · 이자율 및 상환방법
7. 제52조에 따른 사업시행계획서의 작성 및 변경(제50조제1항 본문에 따른 정비사업의 중지 또는 폐지에 관한 사항을 포함하며, 같은 항 단서에 따른 경미한 변경은

제외한다)

8. 제74조에 따른 관리처분계획의 수립 및 변경(제74조제1항 각 호 외의 부분 단서에 따른 경미한 변경은 제외한다)

9. 제89조에 따른 청산금의 징수 · 지급(분할징수 · 분할지급을 포함한다)과 조합 해산 시의 회계보고

10. 제93조에 따른 비용의 금액 및 징수방법

11. 그 밖에 토지등소유자에게 부담이 되는 것으로 시행규정으로 정하는 사항

② 토지등소유자 전체회의는 사업시행자가 직권으로 소집하거나 토지등소유자 5분의 1 이상의 요구로 사업시행자가 소집한다.

③ 토지등소유자 전체회의의 소집 절차 · 시기 및 의결방법 등에 관하여는 제44조제5항, 제45조제3항 · 제4항 · 제6항 및 제7항을 준용한다. 이 경우 "총회"는 "토지등소유자 전체회의"로, "정관"은 "시행규정"으로, "조합원"은 "토지등소유자"로 본다.

제49조(민법의 준용)

조합에 관하여는 이 법에 규정된 사항을 제외하고는 「민법」 중 사단법인에 관한 규정을 준용한다.

제3절 사업시행계획 등

*사업시행계획 인가 1.인가 2.동의

제50조(사업시행계획인가)

① <u>사업시행자(제25조제1항 및 제2항에 따른 공동시행의 경우를 포함하되, 사업시행자가 시장 · 군수등인 경우는 제외한다)는 정비사업을 시행하려는 경우에는 제52조에 따른 사업시행계획서(이하 "사업시행계획서"라 한다)에 정관등과 그 밖에 국토교통부령으로 정하는 서류를 첨부하여 시장 · 군수등에게 제출하고 사업시행계획인가를 받아야 하고, 인가받은 사항을 변경하거나 정비사업을 중지 또는 폐지하려는 경우에도 또한 같다. 다만, 대통령령으로 정하는 경미한 사항을 변경하려는 때에는 시장 · 군수등</u>

에게 신고하여야 한다.
② 시장 · 군수등은 특별한 사유가 없으면 제1항에 따라 사업시행계획서의 제출이 있은 날부터 60일 이내에 인가 여부를 결정하여 사업시행자에게 통보하여야 한다.

③ 사업시행자(시장 · 군수등 또는 토지주택공사등은 제외한다)는 사업시행계획인가를 신청하기 전에 미리 총회의 의결을 거쳐야 하며, 인가받은 사항을 변경하거나 정비사업을 중지 또는 폐지하려는 경우에도 또한 같다. 다만, 제1항 단서에 따른 경미한 사항의 변경은 총회의 의결을 필요로 하지 아니한다.

④ 토지등소유자가 제25조제1항제2호에 따라 재개발사업을 시행하려는 경우에는 사업시행계획인가를 신청하기 전에 사업시행계획서에 대하여 토지등소유자의 4분의 3 이상 및 토지면적의 2분의 1 이상의 토지소유자의 동의를 받아야 한다. 다만, 인가받은 사항을 변경하려는 경우에는 규약으로 정하는 바에 따라 토지등소유자의 과반수의 동의를 받아야 하며, 제1항 단서에 따른 경미한 사항의 변경인 경우에는 토지등소유자의 동의를 필요로 하지 아니한다.

⑤ 지정개발자가 정비사업을 시행하려는 경우에는 사업시행계획인가를 신청하기 전에 토지등소유자의 과반수의 동의 및 토지면적의 2분의 1 이상의 토지소유자의 동의를 받아야 한다. 다만, 제1항 단서에 따른 경미한 사항의 변경인 경우에는 토지등소유자의 동의를 필요로 하지 아니한다.

⑥ 제26조제1항제1호 및 제27조제1항제1호에 따른 사업시행자는 제5항에도 불구하고 토지등소유자의 동의를 필요로 하지 아니한다.

⑦ 시장 · 군수등은 제1항에 따른 사업시행계획인가(시장 · 군수등이 사업시행계획서를 작성한 경우를 포함한다)를 하거나 정비사업을 변경 · 중지 또는 폐지하는 경우에는 국토교통부령으로 정하는 방법 및 절차에 따라 그 내용을 해당 지방자치단체의 공보에 고시하여야 한다. 다만, 제1항 단서에 따른 경미한 사항을 변경하려는 경우에는 그러하지 아니하다.

제51조(기반시설의 기부채납 기준)

① 시장 · 군수등은 제50조제1항에 따라 사업시행계획을 인가하는 경우 사업시행자가

제출하는 사업시행계획에 해당 정비사업과 직접적으로 관련이 없거나 과도한 정비기반시설의 기부채납을 요구하여서는 아니 된다.

② 국토교통부장관은 정비기반시설의 기부채납과 관련하여 다음 각 호의 사항이 포함된 운영기준을 작성하여 고시할 수 있다.

1. 정비기반시설의 기부채납 부담의 원칙 및 수준
2. 정비기반시설의 설치기준 등

③ 시장·군수등은 제2항에 따른 운영기준의 범위에서 지역여건 또는 사업의 특성 등을 고려하여 따로 기준을 정할 수 있으며, 이 경우 사전에 국토교통부장관에게 보고하여야 한다.

제52조(사업시행계획서의 작성)

① 사업시행자는 정비계획에 따라 다음 각 호의 사항을 포함하는 사업시행계획서를 작성하여야 한다. 〈개정 2018. 1. 16.〉

1. 토지이용계획(건축물배치계획을 포함한다)
2. 정비기반시설 및 공동이용시설의 설치계획
3. 임시거주시설을 포함한 주민이주대책
4. 세입자의 주거 및 이주 대책
5. 사업시행기간 동안 정비구역 내 가로등 설치, 폐쇄회로 텔레비전 설치 등 범죄예방대책
6. 제10조에 따른 임대주택의 건설계획(재건축사업의 경우는 제외한다)
7. 제54조제4항에 따른 소형주택의 건설계획(주거환경개선사업의 경우는 제외한다)
8. 공공지원민간임대주택 또는 임대관리 위탁주택의 건설계획(필요한 경우로 한정한다)
9. 건축물의 높이 및 용적률 등에 관한 건축계획
10. 정비사업의 시행과정에서 발생하는 폐기물의 처리계획
11. 교육시설의 교육환경 보호에 관한 계획(정비구역부터 200미터 이내에 교육시설이 설치되어 있는 경우로 한정한다)
12. 정비사업비
13. 그 밖에 사업시행을 위한 사항으로서 대통령령으로 정하는 바에 따라 시·도조례로 정하는 사항

② 사업시행자가 제1항에 따른 사업시행계획서에 「공공주택 특별법」 제2조제1호에 따른 공공주택(이하 "공공주택"이라 한다) 건설계획을 포함하는 경우에는 공공주택의 구조 · 기능 및 설비에 관한 기준과 부대시설 · 복리시설의 범위, 설치기준 등에 필요한 사항은 같은 법 제37조에 따른다.

제53조(시행규정의 작성)

시장 · 군수등, 토지주택공사등 또는 신탁업자가 단독으로 정비사업을 시행하는 경우 다음 각 호의 사항을 포함하는 시행규정을 작성하여야 한다.

1. 정비사업의 종류 및 명칭
2. 정비사업의 시행연도 및 시행방법
3. 비용부담 및 회계
4. 토지등소유자의 권리 · 의무
5. 정비기반시설 및 공동이용시설의 부담
6. 공고 · 공람 및 통지의 방법
7. 토지 및 건축물에 관한 권리의 평가방법
8. 관리처분계획 및 청산(분할징수 또는 납입에 관한 사항을 포함한다). 다만, 수용의 방법으로 시행하는 경우는 제외한다.
9. 시행규정의 변경
10. 사업시행계획서의 변경
11. 토지등소유자 전체회의(신탁업자가 사업시행자인 경우로 한정한다)
12. 그 밖에 시 · 도조례로 정하는 사항

제54조(재건축사업 등의 용적률 완화 및 소형주택 건설비율)

① 사업시행자는 다음 각 호의 어느 하나에 해당하는 정비사업(「도시재정비 촉진을 위한 특별법」 제2조제1호에 따른 재정비촉진지구에서 시행되는 재개발사업 및 재건축사업은 제외한다. 이하 이 조에서 같다)을 시행하는 경우 정비계획(이 법에 따라 정비계획으로 의제되는 계획을 포함한다. 이하 이 조에서 같다)으로 정하여진 용적률에도 불구하고 지방도시계획위원회의 심의를 거쳐 「국토의 계획 및 이용에 관한 법률」 제78조 및 관계 법률에 따른 용적률의 상한(이하 이 조에서 "법적상한용적률"이라 한다)까지 건축할 수 있다.

1. 「수도권정비계획법」 제6조제1항제1호에 따른 과밀억제권역(이하 "과밀억제권역"

이라 한다)에서 시행하는 재개발사업 및 재건축사업(「국토의 계획 및 이용에 관한 법률」 제78조에 따른 주거지역으로 한정한다. 이하 이 조에서 같다)

2. 제1호 외의 경우 시 · 도조례로 정하는 지역에서 시행하는 재개발사업 및 재건축사업

② 제1항에 따라 사업시행자가 정비계획으로 정하여진 용적률을 초과하여 건축하려는 경우에는 「국토의 계획 및 이용에 관한 법률」 제78조에 따라 특별시 · 광역시 · 특별자치시 · 특별자치도 · 시 또는 군의 조례로 정한 용적률 제한 및 정비계획으로 정한 허용세대수의 제한을 받지 아니한다.

③ 제1항의 관계 법률에 따른 용적률의 상한은 다음 각 호의 어느 하나에 해당하여 건축행위가 제한되는 경우 건축이 가능한 용적률을 말한다.

1. 「국토의 계획 및 이용에 관한 법률」 제76조에 따른 건축물의 층수제한
2. 「건축법」 제60조에 따른 높이제한
3. 「건축법」 제61조에 따른 일조 등의 확보를 위한 건축물의 높이제한
4. 「공항시설법」 제34조에 따른 장애물 제한표면구역 내 건축물의 높이제한
5. 「군사기지 및 군사시설 보호법」 제10조에 따른 비행안전구역 내 건축물의 높이제한
6. 「문화재보호법」 제12조에 따른 건설공사 시 문화재 보호를 위한 건축제한
7. 그 밖에 시장 · 군수등이 건축 관계 법률의 건축제한으로 용적률의 완화가 불가능하다고 근거를 제시하고, 지방도시계획위원회 또는 「건축법」 제4조에 따라 시 · 도에 두는 건축위원회가 심의를 거쳐 용적률 완화가 불가능하다고 인정한 경우

④ 사업시행자는 법적상한용적률에서 정비계획으로 정하여진 용적률을 뺀 용적률(이하 "초과용적률"이라 한다)의 다음 각 호에 따른 비율에 해당하는 면적에 주거전용면적 60제곱미터 이하의 소형주택을 건설하여야 한다. 다만, 제26조제1항제1호 및 제27조제1항제1호에 따른 정비사업을 시행하는 경우에는 그러하지 아니하다.

1. 과밀억제권역에서 시행하는 재건축사업은 초과용적률의 100분의 30 이상 100분의 50 이하로서 시 · 도조례로 정하는 비율
2. 과밀억제권역에서 시행하는 재개발사업은 초과용적률의 100분의 50 이상 100분의 75 이하로서 시 · 도조례로 정하는 비율
3. 과밀억제권역 외의 지역에서 시행하는 재건축사업은 초과용적률의 100분의 50

이하로서 시 · 도조례로 정하는 비율

4. 과밀억제권역 외의 지역에서 시행하는 재개발사업은 초과용적률의 100분의 75 이하로서 시 · 도조례로 정하는 비율

제55조(소형주택의 공급 및 인수)

① 사업시행자는 제54조제4항에 따라 건설한 소형주택을 국토교통부장관, 시 · 도지사, 시장, 군수, 구청장 또는 토지주택공사등(이하 이 조에서 "인수자"라 한다)에 공급하여야 한다.

② 제1항에 따른 소형주택의 공급가격은 「공공주택 특별법」 제50조의4에 따라 국토교통부장관이 고시하는 공공건설임대주택의 표준건축비로 하며, 부속 토지는 인수자에게 기부채납한 것으로 본다.

③ 사업시행자는 제54조제1항 및 제2항에 따라 정비계획상 용적률을 초과하여 건축하려는 경우에는 사업시행계획인가를 신청하기 전에 미리 제1항 및 제2항에 따른 소형주택에 관한 사항을 인수자와 협의하여 사업시행계획서에 반영하여야 한다.

④ 제1항 및 제2항에 따른 소형주택의 인수를 위한 절차와 방법 등에 필요한 사항은 대통령령으로 정할 수 있으며, 인수된 소형주택은 대통령령으로 정하는 장기공공임대주택으로 활용하여야 한다. 다만, 토지등소유자의 부담 완화 등 대통령령으로 정하는 요건에 해당하는 경우에는 인수된 소형주택을 장기공공임대주택이 아닌 임대주택으로 활용할 수 있다.

⑤ 제2항에도 불구하고 제4항 단서에 따른 임대주택의 인수자는 임대의무기간에 따라 감정평가액의 100분의 50 이하의 범위에서 대통령령으로 정하는 가격으로 부속 토지를 인수하여야 한다.

제56조(관계 서류의 공람과 의견청취)

① 시장 · 군수등은 사업시행계획인가를 하거나 사업시행계획서를 작성하려는 경우에는 대통령령으로 정하는 방법 및 절차에 따라 관계 서류의 사본을 14일 이상 일반인이 공람할 수 있게 하여야 한다. 다만, 제50조제1항 단서에 따른 경미한 사항을 변경하려는 경우에는 그러하지 아니하다.

② 토지등소유자 또는 조합원, 그 밖에 정비사업과 관련하여 이해관계를 가지는 자는 제1항의 공람기간 이내에 시장·군수등에게 서면으로 의견을 제출할 수 있다.

③ 시장·군수등은 제2항에 따라 제출된 의견을 심사하여 채택할 필요가 있다고 인정하는 때에는 이를 채택하고, 그러하지 아니한 경우에는 의견을 제출한 자에게 그 사유를 알려주어야 한다.

제57조(인·허가등의 의제 등)

① 사업시행자가 사업시행계획인가를 받은 때(시장·군수등이 직접 정비사업을 시행하는 경우에는 사업시행계획서를 작성한 때를 말한다. 이하 이 조에서 같다)에는 다음 각 호의 인가·허가·승인·신고·등록·협의·동의·심사·지정 또는 해제(이하 "인·허가등"이라 한다)가 있은 것으로 보며,

제50조제7항에 따른 사업시행계획인가의 고시가 있은 때에는 다음 각 호의 관계 법률에 따른 인·허가등의 고시·공고 등이 있은 것으로 본다.

1. 「주택법」 제15조에 따른 사업계획의 승인
2. 「공공주택 특별법」 제35조에 따른 주택건설사업계획의 승인
3. 「건축법」 제11조에 따른 건축허가, 같은 법 제20조에 따른 가설건축물의 건축허가 또는 축조신고 및 같은 법 제29조에 따른 건축협의
4. 「도로법」 제36조에 따른 도로관리청이 아닌 자에 대한 도로공사 시행의 허가 및 같은 법 제61조에 따른 도로의 점용 허가
5. 「사방사업법」 제20조에 따른 사방지의 지정해제
6. 「농지법」 제34조에 따른 농지전용의 허가·협의 및 같은 법 제35조에 따른 농지전용신고
7. 「산지관리법」 제14조·제15조에 따른 산지전용허가 및 산지전용신고, 같은 법 제15조의2에 따른 산지일시사용허가·신고와 「산림자원의 조성 및 관리에 관한 법률」 제36조제1항·제4항에 따른 입목벌채등의 허가·신고 및 「산림보호법」 제9조제1항 및 같은 조 제2항제1호에 따른 산림보호구역에서의 행위의 허가. 다만, 「산림자원의 조성 및 관리에 관한 법률」에 따른 채종림·시험림과 「산림보호법」에 따른 산림유전자원보호구역의 경우는 제외한다.
8. 「하천법」 제30조에 따른 하천공사 시행의 허가 및 하천공사실시계획의 인가, 같은 법 제33조에 따른 하천의 점용허가 및 같은 법 제50조에 따른 하천수의 사용허가
9. 「수도법」 제17조에 따른 일반수도사업의 인가 및 같은 법 제52조 또는 제54조

에 따른 전용상수도 또는 전용공업용수도 설치의 인가

10. 「하수도법」 제16조에 따른 공공하수도 사업의 허가 및 같은 법 제34조제2항에 따른 개인하수처리시설의 설치신고

11. 「공간정보의 구축 및 관리 등에 관한 법률」 제15조제3항에 따른 지도등의 간행 심사

12. 「유통산업발전법」 제8조에 따른 대규모점포등의 등록

13. 「국유재산법」 제30조에 따른 사용허가(재개발사업으로 한정한다)

14. 「공유재산 및 물품 관리법」 제20조에 따른 사용 · 수익허가(재개발사업으로 한정한다)

15. 「공간정보의 구축 및 관리 등에 관한 법률」 제86조제1항에 따른 사업의 착수 · 변경의 신고

16. 「국토의 계획 및 이용에 관한 법률」 제86조에 따른 도시 · 군계획시설 사업시행자의 지정 및 같은 법 제88조에 따른 실시계획의 인가

17. 「전기안전관리법」 제62조에 따른 자가용전기설비의 공사계획의 인가 및 신고

18. 「화재예방, 소방시설 설치 · 유지 및 안전관리에 관한 법률」 제7조제1항에 따른 건축허가등의 동의, 「위험물안전관리법」 제6조제1항에 따른 제조소등의 설치의 허가(제조소등은 공장건축물 또는 그 부속시설에 관계된 것으로 한정한다)

② 사업시행자가 공장이 포함된 구역에 대하여 재개발사업의 사업시행계획인가를 받은 때에는 제1항에 따른 인 · 허가등 외에 다음 각 호의 인 · 허가등이 있은 것으로 보며, 제50조제7항에 따른 사업시행계획인가를 고시한 때에는 다음 각 호의 관계 법률에 따른 인 · 허가 등의 고시 · 공고 등이 있은 것으로 본다.

1. 「산업집적활성화 및 공장설립에 관한 법률」 제13조에 따른 공장설립등의 승인 및 같은 법 제15조에 따른 공장설립등의 완료신고

2. 「폐기물관리법」 제29조제2항에 따른 폐기물처리시설의 설치승인 또는 설치신고(변경승인 또는 변경신고를 포함한다)

3. 「대기환경보전법」 제23조, 「물환경보전법」 제33조 및 「소음 · 진동관리법」 제8조에 따른 배출시설설치의 허가 및 신고

4. 「총포 · 도검 · 화약류 등의 안전관리에 관한 법률」 제25조제1항에 따른 화약류저장소 설치의 허가

③ 사업시행자는 정비사업에 대하여 제1항 및 제2항에 따른 인 · 허가등의 의제를 받

으려는 경우에는 제50조제1항에 따른 사업시행계획인가를 신청하는 때에 해당 법률이 정하는 관계 서류를 함께 제출하여야 한다. 다만, 사업시행계획인가를 신청한 때에 시공자가 선정되어 있지 아니하여 관계 서류를 제출할 수 없거나 제6항에 따라 사업시행계획인가를 하는 경우에는 시장ㆍ군수등이 정하는 기한까지 제출할 수 있다.

④ 시장ㆍ군수등은 사업시행계획인가를 하거나 사업시행계획서를 작성하려는 경우 제1항 각 호 및 제2항 각 호에 따라 의제되는 인ㆍ허가등에 해당하는 사항이 있는 때에는 미리 관계 행정기관의 장과 협의하여야 하고, 협의를 요청받은 관계 행정기관의 장은 요청받은 날(제3항 단서의 경우에는 서류가 관계 행정기관의 장에게 도달된 날을 말한다)부터 30일 이내에 의견을 제출하여야 한다. 이 경우 관계 행정기관의 장이 30일 이내에 의견을 제출하지 아니하면 협의된 것으로 본다.

⑤ 시장ㆍ군수등은 사업시행계획인가(시장ㆍ군수등이 사업시행계획서를 작성한 경우를 포함한다)를 하려는 경우 정비구역부터 200미터 이내에 교육시설이 설치되어 있는 때에는 해당 지방자치단체의 교육감 또는 교육장과 협의하여야 하며, 인가받은 사항을 변경하는 경우에도 또한 같다.

⑥ 시장ㆍ군수등은 제4항 및 제5항에도 불구하고 천재지변이나 그 밖의 불가피한 사유로 긴급히 정비사업을 시행할 필요가 있다고 인정하는 때에는 관계 행정기관의 장 및 교육감 또는 교육장과 협의를 마치기 전에 제50조제1항에 따른 사업시행계획인가를 할 수 있다. 이 경우 협의를 마칠 때까지는 제1항 및 제2항에 따른 인ㆍ허가등을 받은 것으로 보지 아니한다.

⑦ 제1항이나 제2항에 따라 인ㆍ허가등을 받은 것으로 보는 경우에는 관계 법률 또는 시ㆍ도조례에 따라 해당 인ㆍ허가등의 대가로 부과되는 수수료와 해당 국ㆍ공유지의 사용 또는 점용에 따른 사용료 또는 점용료를 면제한다.

제58조(사업시행계획인가의 특례)

① 사업시행자는 일부 건축물의 존치 또는 리모델링(「주택법」 제2조제25호 또는 「건축법」 제2조제1항제10호에 따른 리모델링을 말한다. 이하 같다)에 관한 내용이 포함된 사업시행계획서를 작성하여 사업시행계획인가를 신청할 수 있다.

② 시장ㆍ군수등은 존치 또는 리모델링하는 건축물 및 건축물이 있는 토지가 「주택

법」 및 「건축법」에 따른 다음 각 호의 건축 관련 기준에 적합하지 아니하더라도 대통령령으로 정하는 기준에 따라 사업시행계획인가를 할 수 있다.

1. 「주택법」 제2조제12호에 따른 주택단지의 범위
2. 「주택법」 제35조제1항제3호 및 제4호에 따른 부대시설 및 복리시설의 설치기준
3. 「건축법」 제44조에 따른 대지와 도로의 관계
4. 「건축법」 제46조에 따른 건축선의 지정
5. 「건축법」 제61조에 따른 일조 등의 확보를 위한 건축물의 높이 제한

③ 사업시행자가 제1항에 따라 사업시행계획서를 작성하려는 경우에는 존치 또는 리모델링하는 건축물 소유자의 동의(「집합건물의 소유 및 관리에 관한 법률」 제2조제2호에 따른 구분소유자가 있는 경우에는 구분소유자의 3분의 2 이상의 동의와 해당 건축물 연면적의 3분의 2 이상의 구분소유자의 동의로 한다)를 받아야 한다. 다만, 정비계획에서 존치 또는 리모델링하는 것으로 계획된 경우에는 그러하지 아니한다.

제59조(순환정비방식의 정비사업 등)

① 사업시행자는 정비구역의 안과 밖에 새로 건설한 주택 또는 이미 건설되어 있는 주택의 경우 그 정비사업의 시행으로 철거되는 주택의 소유자 또는 세입자(정비구역에서 실제 거주하는 자로 한정한다. 이하 이 항 및 제61조제1항에서 같다)를 임시로 거주하게 하는 등 그 정비구역을 순차적으로 정비하여 주택의 소유자 또는 세입자의 이주대책을 수립하여야 한다.

② 사업시행자는 제1항에 따른 방식으로 정비사업을 시행하는 경우에는 임시로 거주하는 주택(이하 "순환용주택"이라 한다)을 「주택법」 제54조에도 불구하고 제61조에 따른 임시거주시설로 사용하거나 임대할 수 있으며, 대통령령으로 정하는 방법과 절차에 따라 토지주택공사등이 보유한 공공임대주택을 순환용주택으로 우선 공급할 것을 요청할 수 있다.

③ 사업시행자는 순환용주택에 거주하는 자가 정비사업이 완료된 후에도 순환용주택에 계속 거주하기를 희망하는 때에는 대통령령으로 정하는 바에 따라 분양하거나 계속 임대할 수 있다. 이 경우 사업시행자가 소유하는 순환용주택은 제74조에 따라 인가받은 관리처분계획에 따라 토지등소유자에게 처분된 것으로 본다.

제60조(지정개발자의 정비사업비의 예치 등)

① 시장·군수등은 재개발사업의 사업시행계획인가를 하는 경우 해당 정비사업의 사업시행자가 지정개발자(지정개발자가 토지등소유자인 경우로 한정한다)인 때에는 정비사업비의 100분의 20의 범위에서 시·도조례로 정하는 금액을 예치하게 할 수 있다.

② 제1항에 따른 예치금은 제89조제1항 및 제2항에 따른 청산금의 지급이 완료된 때에 반환한다.

③ 제1항 및 제2항에 따른 예치 및 반환 등에 필요한 사항은 시·도조례로 정한다.

제4절 정비사업 시행을 위한 조치 등

*정비사업의 시행특례

1.임시거주시설의 설치
- 가.대상
- 나.사용
- 다.복구

2.토지등 수용,사용
- 가.대상
- 나.사용

3.용적율 적용특례
- 가.대상
- 나.특례

4.소형주택건설
- 가.비율
- 나.인수
- 다.가격

5.재건축사업의 매도청구
- 가.대상
- 나.절차

6.재건축사업에서의 토지분할청구
- 가.대상
- 나.협의
- 다.조건
- 라.효과

제61조(임시거주시설 · 임시상가의 설치 등)

① 사업시행자는 주거환경개선사업 및 재개발사업의 시행으로 철거되는 주택의 소유자 또는 세입자에게 해당 정비구역 안과 밖에 위치한 임대주택 등의 시설에 임시로 거주하게 하거나 주택자금의 융자를 알선하는 등 임시거주에 상응하는 조치를 하여야 한다.

② 사업시행자는 제1항에 따라 임시거주시설(이하 "임시거주시설"이라 한다)의 설치 등을 위하여 필요한 때에는 국가 · 지방자치단체, 그 밖의 공공단체 또는 개인의 시설이나 토지를 일시 사용할 수 있다.

③ 국가 또는 지방자치단체는 사업시행자로부터 임시거주시설에 필요한 건축물이나 토지의 사용신청을 받은 때에는 대통령령으로 정하는 사유가 없으면 이를 거절하지 못한다. 이 경우 사용료 또는 대부료는 면제한다.

④ 사업시행자는 정비사업의 공사를 완료한 때에는 완료한 날부터 30일 이내에 임시거주시설을 철거하고, 사용한 건축물이나 토지를 원상회복하여야 한다.

⑤ 재개발사업의 사업시행자는 사업시행으로 이주하는 상가세입자가 사용할 수 있도록 정비구역 또는 정비구역 인근에 임시상가를 설치할 수 있다.

제62조(임시거주시설 · 임시상가의 설치 등에 따른 손실보상)

① 사업시행자는 제61조에 따라 공공단체(지방자치단체는 제외한다) 또는 개인의 시설이나 토지를 일시 사용함으로써 손실을 입은 자가 있는 경우에는 손실을 보상하여야 하며, 손실을 보상하는 경우에는 손실을 입은 자와 협의하여야 한다.

② 사업시행자 또는 손실을 입은 자는 제1항에 따른 손실보상에 관한 협의가 성립되지 아니하거나 협의할 수 없는 경우에는 「공익사업을 위한 토지 등의 취득 및 보상에 관한 법률」 제49조에 따라 설치되는 관할 토지수용위원회에 재결을 신청할 수 있다.

③ 제1항 또는 제2항에 따른 손실보상은 이 법에 규정된 사항을 제외하고는 「공익사

업을 위한 토지 등의 취득 및 보상에 관한 법률」을 준용한다.

제63조(토지 등의 수용 또는 사용)

사업시행자는 정비구역에서 정비사업(재건축사업의 경우에는 제26조제1항제1호 및 제27조제1항제1호에 해당하는 사업으로 한정한다)을 시행하기 위하여 「공익사업을 위한 토지 등의 취득 및 보상에 관한 법률」 제3조에 따른 토지 · 물건 또는 그 밖의 권리를 취득하거나 사용할 수 있다.

제64조(재건축사업에서의 매도청구)

① 재건축사업의 사업시행자는 사업시행계획인가의 고시가 있은 날부터 30일 이내에 다음 각 호의 자에게 조합설립 또는 사업시행자의 지정에 관한 동의 여부를 회답할 것을 서면으로 촉구하여야 한다.

1. 제35조제3항부터 제5항까지에 따른 조합설립에 동의하지 아니한 자
2. 제26조제1항 및 제27조제1항에 따라 시장 · 군수등, 토지주택공사등 또는 신탁업자의 사업시행자 지정에 동의하지 아니한 자

② 제1항의 촉구를 받은 토지등소유자는 촉구를 받은 날부터 2개월 이내에 회답하여야 한다.

③ 제2항의 기간 내에 회답하지 아니한 경우 그 토지등소유자는 조합설립 또는 사업시행자의 지정에 동의하지 아니하겠다는 뜻을 회답한 것으로 본다.

④ 제2항의 기간이 지나면 사업시행자는 그 기간이 만료된 때부터 2개월 이내에 조합설립 또는 사업시행자 지정에 동의하지 아니하겠다는 뜻을 회답한 토지등소유자와 건축물 또는 토지만 소유한 자에게 건축물 또는 토지의 소유권과 그 밖의 권리를 매도할 것을 청구할 수 있다.

제65조(「공익사업을 위한 토지 등의 취득 및 보상에 관한 법률」의 준용)

① 정비구역에서 정비사업의 시행을 위한 토지 또는 건축물의 소유권과 그 밖의 권리에 대한 수용 또는 사용은 이 법에 규정된 사항을 제외하고는 「공익사업을 위한 토지 등의 취득 및 보상에 관한 법률」을 준용한다. 다만, 정비사업의 시행에 따른 손실보상의 기준 및 절차는 대통령령으로 정할 수 있다.

② 제1항에 따라 「공익사업을 위한 토지 등의 취득 및 보상에 관한 법률」을 준용하는

경우 사업시행계획인가 고시(시장 · 군수등이 직접 정비사업을 시행하는 경우에는 제50조제7항에 따른 사업시행계획서의 고시를 말한다. 이하 이 조에서 같다)가 있은 때에는 같은 법 제20조제1항 및 제22조제1항에 따른 사업인정 및 그 고시가 있은 것으로 본다.

③ 제1항에 따른 수용 또는 사용에 대한 재결의 신청은 「공익사업을 위한 토지 등의 취득 및 보상에 관한 법률」 제23조 및 같은 법 제28조제1항에도 불구하고 사업시행계획인가(사업시행계획변경인가를 포함한다)를 할 때 정한 사업시행기간 이내에 하여야 한다.

④ 대지 또는 건축물을 현물보상하는 경우에는 「공익사업을 위한 토지 등의 취득 및 보상에 관한 법률」 제42조에도 불구하고 제83조에 따른 준공인가 이후에도 할 수 있다.

제66조(용적률에 관한 특례)

사업시행자가 다음 각 호의 어느 하나에 해당하는 경우에는 「국토의 계획 및 이용에 관한 법률」 제78조제1항에도 불구하고 해당 정비구역에 적용되는 용적률의 100분의 125 이하의 범위에서 대통령령으로 정하는 바에 따라 특별시 · 광역시 · 특별자치시 · 특별자치도 · 시 또는 군의 조례로 용적률을 완화하여 정할 수 있다.

1. 제65조제1항 단서에 따라 대통령령으로 정하는 손실보상의 기준 이상으로 세입자에게 주거이전비를 지급하거나 영업의 폐지 또는 휴업에 따른 손실을 보상하는 경우
2. 제65조제1항 단서에 따른 손실보상에 더하여 임대주택을 추가로 건설하거나 임대상가를 건설하는 등 추가적인 세입자 손실보상 대책을 수립하여 시행하는 경우

제67조(재건축사업의 범위에 관한 특례)

① 사업시행자 또는 추진위원회는 다음 각 호의 어느 하나에 해당하는 경우에는 그 주택단지 안의 일부 토지에 대하여 「건축법」 제57조에도 불구하고 분할하려는 토지면적이 같은 조에서 정하고 있는 면적에 미달되더라도 토지분할을 청구할 수 있다.
1. 「주택법」 제15조제1항에 따라 사업계획승인을 받아 건설한 둘 이상의 건축물이 있는 주택단지에 재건축사업을 하는 경우
2. 제35조제3항에 따른 조합설립의 동의요건을 충족시키기 위하여 필요한 경우

② 사업시행자 또는 추진위원회는 제1항에 따라 토지분할 청구를 하는 때에는 토지분

할의 대상이 되는 토지 및 그 위의 건축물과 관련된 토지등소유자와 협의하여야 한다.

③ 사업시행자 또는 추진위원회는 제2항에 따른 토지분할의 협의가 성립되지 아니한 경우에는 법원에 토지분할을 청구할 수 있다.

④ 시장·군수등은 제3항에 따라 토지분할이 청구된 경우에 분할되어 나가는 토지 및 그 위의 건축물이 다음 각 호의 요건을 충족하는 때에는 토지분할이 완료되지 아니하여 제1항에 따른 동의요건에 미달되더라도 「건축법」 제4조에 따라 특별자치시·특별자치도·시·군·구(자치구를 말한다)에 설치하는 건축위원회의 심의를 거쳐 조합설립인가와 사업시행계획인가를 할 수 있다.

1. 해당 토지 및 건축물과 관련된 토지등소유자의 수가 전체의 10분의 1 이하일 것
2. 분할되어 나가는 토지 위의 건축물이 분할선 상에 위치하지 아니할 것
3. 그 밖에 사업시행계획인가를 위하여 대통령령으로 정하는 요건에 해당할 것

제68조(건축규제의 완화 등에 관한 특례)

① 주거환경개선사업에 따른 건축허가를 받은 때와 부동산등기(소유권 보존등기 또는 이전등기로 한정한다)를 하는 때에는 「주택도시기금법」 제8조의 국민주택채권의 매입에 관한 규정을 적용하지 아니한다.

② 주거환경개선구역에서 「국토의 계획 및 이용에 관한 법률」 제43조제2항에 따른 도시·군계획시설의 결정·구조 및 설치의 기준 등에 필요한 사항은 국토교통부령으로 정하는 바에 따른다.

③ 사업시행자는 주거환경개선구역에서 다음 각 호의 어느 하나에 해당하는 사항은 시·도조례로 정하는 바에 따라 기준을 따로 정할 수 있다.

1. 「건축법」 제44조에 따른 대지와 도로의 관계(소방활동에 지장이 없는 경우로 한정한다)
2. 「건축법」 제60조 및 제61조에 따른 건축물의 높이 제한(사업시행자가 공동주택을 건설·공급하는 경우로 한정한다)

④ 사업시행자는 제26조제1항제1호 및 제27조제1항제1호에 따른 재건축구역(재건축사업을 시행하는 정비구역을 말한다. 이하 같다)에서 다음 각 호의 어느 하나에 해당

하는 사항에 대하여 대통령령으로 정하는 범위에서 「건축법」 제72조제2항에 따른 지방건축위원회의 심의를 거쳐 그 기준을 완화받을 수 있다.

1. 「건축법」 제42조에 따른 대지의 조경기준

2. 「건축법」 제55조에 따른 건폐율의 산정기준

3. 「건축법」 제58조에 따른 대지 안의 공지 기준

4. 「건축법」 제60조 및 제61조에 따른 건축물의 높이 제한

5. 「주택법」 제35조제1항제3호 및 제4호에 따른 부대시설 및 복리시설의 설치기준

6. 제1호부터 제5호까지에서 규정한 사항 외에 제26조제1항제1호 및 제27조제1항제1호에 따른 재건축사업의 원활한 시행을 위하여 대통령령으로 정하는 사항

제69조(다른 법령의 적용 및 배제)

① 주거환경개선구역은 해당 정비구역의 지정ㆍ고시가 있은 날부터 「국토의 계획 및 이용에 관한 법률」 제36조제1항제1호가목 및 같은 조 제2항에 따라 주거지역을 세분하여 정하는 지역 중 대통령령으로 정하는 지역으로 결정ㆍ고시된 것으로 본다. 다만, 다음 각 호의 어느 하나에 해당하는 경우에는 그러하지 아니하다.

1. 해당 정비구역이 「개발제한구역의 지정 및 관리에 관한 특별조치법」 제3조제1항에 따라 결정된 개발제한구역인 경우

2. 시장ㆍ군수등이 주거환경개선사업을 위하여 필요하다고 인정하여 해당 정비구역의 일부분을 종전 용도지역으로 그대로 유지하거나 동일면적의 범위에서 위치를 변경하는 내용으로 정비계획을 수립한 경우

3. 시장ㆍ군수등이 제9조제1항제10호다목의 사항을 포함하는 정비계획을 수립한 경우

② 정비사업과 관련된 환지에 관하여는 「도시개발법」 제28조부터 제49조까지의 규정을 준용한다. 이 경우 같은 법 제41조제2항 본문에 따른 "환지처분을 하는 때"는 "사업시행계획인가를 하는 때"로 본다.

③ 주거환경개선사업의 경우에는 「공익사업을 위한 토지 등의 취득 및 보상에 관한 법률」 제78조제4항을 적용하지 아니하며, 「주택법」을 적용할 때에는 이 법에 따른 사업시행자(토지주택공사등이 공동사업시행자인 경우에는 토지주택공사등을 말한다)는 「주택법」에 따른 사업주체로 본다. 〈개정 2019. 4. 23.〉

제70조(지상권 등 계약의 해지)

① 정비사업의 시행으로 지상권·전세권 또는 임차권의 설정 목적을 달성할 수 없는 때에는 그 권리자는 계약을 해지할 수 있다.

② 제1항에 따라 계약을 해지할 수 있는 자가 가지는 전세금·보증금, 그 밖의 계약상의 금전의 반환청구권은 사업시행자에게 행사할 수 있다.

③ 제2항에 따른 금전의 반환청구권의 행사로 해당 금전을 지급한 사업시행자는 해당 토지등소유자에게 구상할 수 있다.

④ 사업시행자는 제3항에 따른 구상이 되지 아니하는 때에는 해당 토지등소유자에게 귀속될 대지 또는 건축물을 압류할 수 있다. 이 경우 압류한 권리는 저당권과 동일한 효력을 가진다.

⑤ 제74조에 따라 관리처분계획의 인가를 받은 경우 지상권·전세권설정계약 또는 임대차계약의 계약기간은 「민법」 제280조·제281조 및 제312조제2항, 「주택임대차보호법」 제4조제1항, 「상가건물 임대차보호법」 제9조제1항을 적용하지 아니한다.

제71조(소유자의 확인이 곤란한 건축물 등에 대한 처분)

① 사업시행자는 다음 각 호에서 정하는 날 현재 건축물 또는 토지의 소유자의 소재 확인이 현저히 곤란한 때에는 전국적으로 배포되는 둘 이상의 일간신문에 2회 이상 공고하고, 공고한 날부터 30일 이상이 지난 때에는 그 소유자의 해당 건축물 또는 토지의 감정평가액에 해당하는 금액을 법원에 공탁하고 정비사업을 시행할 수 있다.

1. 제25조에 따라 조합이 사업시행자가 되는 경우에는 제35조에 따른 조합설립인가일
2. 제25조제1항제2호에 따라 토지등소유자가 시행하는 재개발사업의 경우에는 제50조에 따른 사업시행계획인가일
3. 제26조제1항에 따라 시장·군수등, 토지주택공사등이 정비사업을 시행하는 경우에는 같은 조 제2항에 따른 고시일
4. 제27조제1항에 따라 지정개발자를 사업시행자로 지정하는 경우에는 같은 조 제2항에 따른 고시일

② 재건축사업을 시행하는 경우 조합설립인가일 현재 조합원 전체의 공동소유인 토지 또는 건축물은 조합 소유의 토지 또는 건축물로 본다.

③ 제2항에 따라 조합 소유로 보는 토지 또는 건축물의 처분에 관한 사항은 제74조제1항에 따른 관리처분계획에 명시하여야 한다.

④ 제1항에 따른 토지 또는 건축물의 감정평가는 제74조제2항제1호를 준용한다.

제5절 관리처분계획 등

*분양신청
1.내용
2.통지
3.기간
4.신청

*분양신청을 하지 않는자에 대한 조치

제72조(분양공고 및 분양신청)

① 사업시행자는 제50조제7항에 따른 사업시행계획인가의 고시가 있은 날(사업시행계획인가 이후 시공자를 선정한 경우에는 시공자와 계약을 체결한 날)부터 120일 이내에 다음 각 호의 사항을 토지등소유자에게 통지하고, 분양의 대상이 되는 대지 또는 건축물의 내역 등 대통령령으로 정하는 사항을 해당 지역에서 발간되는 일간신문에 공고하여야 한다. 다만, 토지등소유자 1인이 시행하는 재개발사업의 경우에는 그러하지 아니하다.

1. 분양대상자별 종전의 토지 또는 건축물의 명세 및 사업시행계획인가의 고시가 있은 날을 기준으로 한 가격(사업시행계획인가 전에 제81조제3항에 따라 철거된 건축물은 시장·군수등에게 허가를 받은 날을 기준으로 한 가격)
2. 분양대상자별 분담금의 추산액
3. 분양신청기간
4. 그 밖에 대통령령으로 정하는 사항

② 제1항제3호에 따른 분양신청기간은 통지한 날부터 30일 이상 60일 이내로 하여야

한다. 다만, 사업시행자는 제74조제1항에 따른 관리처분계획의 수립에 지장이 없다고 판단하는 경우에는 분양신청기간을 20일의 범위에서 한 차례만 연장할 수 있다.

③ 대지 또는 건축물에 대한 분양을 받으려는 토지등소유자는 제2항에 따른 분양신청기간에 대통령령으로 정하는 방법 및 절차에 따라 사업시행자에게 대지 또는 건축물에 대한 분양신청을 하여야 한다.

④ 사업시행자는 제2항에 따른 분양신청기간 종료 후 제50조제1항에 따른 사업시행계획인가의 변경(경미한 사항의 변경은 제외한다)으로 세대수 또는 주택규모가 달라지는 경우 제1항부터 제3항까지의 규정에 따라 분양공고 등의 절차를 다시 거칠 수 있다.

⑤ 사업시행자는 정관등으로 정하고 있거나 총회의 의결을 거친 경우 제4항에 따라 제73조제1항제1호 및 제2호에 해당하는 토지등소유자에게 분양신청을 다시 하게 할 수 있다

⑥ 제3항부터 제5항까지의 규정에도 불구하고 투기과열지구의 정비사업에서 제74조에 따른 관리처분계획에 따라 같은 조 제1항제2호 또는 제1항제4호가목의 분양대상자 및 그 세대에 속한 자는 분양대상자 선정일(조합원 분양분의 분양대상자는 최초 관리처분계획 인가일을 말한다)부터 5년 이내에는 투기과열지구에서 제3항부터 제5항까지의 규정에 따른 분양신청을 할 수 없다. 다만, 상속, 결혼, 이혼으로 조합원 자격을 취득한 경우에는 분양신청을 할 수 있다. 〈신설 2017. 10. 24.〉

제73조(분양신청을 하지 아니한 자 등에 대한 조치)

① 사업시행자는 관리처분계획이 인가·고시된 다음 날부터 90일 이내에 다음 각 호에서 정하는 자와 토지, 건축물 또는 그 밖의 권리의 손실보상에 관한 협의를 하여야 한다. 다만, 사업시행자는 분양신청기간 종료일의 다음 날부터 협의를 시작할 수 있다. 〈개정 2017. 10. 24.〉

1. 분양신청을 하지 아니한 자
2. 분양신청기간 종료 이전에 분양신청을 철회한 자
3. 제72조제6항 본문에 따라 분양신청을 할 수 없는 자
4. 제74조에 따라 인가된 관리처분계획에 따라 분양대상에서 제외된 자

② 사업시행자는 제1항에 따른 협의가 성립되지 아니하면 그 기간의 만료일 다음 날부터 60일 이내에 수용재결을 신청하거나 매도청구소송을 제기하여야 한다.

③ 사업시행자는 제2항에 따른 기간을 넘겨서 수용재결을 신청하거나 매도청구소송을 제기한 경우에는 해당 토지등소유자에게 지연일수(遲延日數)에 따른 이자를 지급하여야 한다. 이 경우 이자는 100분의 15 이하의 범위에서 대통령령으로 정하는 이율을 적용하여 산정한다.

(분양신청을 하지 아니한 자 등에 대한 조치)

① 사업시행자가 법 제73조제1항에 따라 토지등소유자의 토지, 건축물 또는 그 밖의 권리에 대하여 현금으로 청산하는 경우 청산금액은 사업시행자와 토지등소유자가 협의하여 산정한다. 이 경우 재개발사업의 손실보상액의 산정을 위한 감정평가업자 선정에 관하여는 「공익사업을 위한 토지 등의 취득 및 보상에 관한 법률」 제68조제1항에 따른다.

② 법 제73조제3항 후단에서 "대통령으로 정하는 이율"이란 다음 각 호를 말한다.

1. 6개월 이내의 지연일수에 따른 이자의 이율: 100분의 5
2. 6개월 초과 12개월 이내의 지연일수에 따른 이자의 이율: 100분의 10
3. 12개월 초과의 지연일수에 따른 이자의 이율: 100분의 15

*관리처분계획

1.수립
2.내용
3.수립기준
4.효과
5.처분

제74조(관리처분계획의 인가 등)

① 사업시행자는 제72조에 따른 분양신청기간이 종료된 때에는 분양신청의 현황을 기초로 다음 각 호의 사항이 포함된 관리처분계획을 수립하여 시장·군수등의 인가를 받아야 하며, 관리처분계획을 변경·중지 또는 폐지하려는 경우에도 또한 같다. 다만, 대통령령으로 정하는 경미한 사항을 변경하려는 경우에는 시장·군수등에게 신고하여야 한다. 〈개정 2018. 1. 16.〉

1. 분양설계
2. 분양대상자의 주소 및 성명

3. 분양대상자별 분양예정인 대지 또는 건축물의 추산액(임대관리 위탁주택에 관한 내용을 포함한다)

4. 다음 각 목에 해당하는 보류지 등의 명세와 추산액 및 처분방법. 다만, 나목의 경우에는 제30조제1항에 따라 선정된 임대사업자의 성명 및 주소(법인인 경우에는 법인의 명칭 및 소재지와 대표자의 성명 및 주소)를 포함한다.

가. 일반 분양분

나. 공공지원민간임대주택

다. 임대주택

라. 그 밖에 부대시설 · 복리시설 등

5. 분양대상자별 종전의 토지 또는 건축물 명세 및 사업시행계획인가 고시가 있은 날을 기준으로 한 가격(사업시행계획인가 전에 제81조제3항에 따라 철거된 건축물은 시장 · 군수등에게 허가를 받은 날을 기준으로 한 가격)

6. 정비사업비의 추산액(재건축사업의 경우에는 「재건축초과이익 환수에 관한 법률」에 따른 재건축부담금에 관한 사항을 포함한다) 및 그에 따른 조합원 분담규모 및 분담시기

7. 분양대상자의 종전 토지 또는 건축물에 관한 소유권 외의 권리명세

8. 세입자별 손실보상을 위한 권리명세 및 그 평가액

9. 그 밖에 정비사업과 관련한 권리 등에 관하여 대통령령으로 정하는 사항

② 정비사업에서 제1항제3호 · 제5호 및 제8호에 따라 재산 또는 권리를 평가할 때에는 다음 각 호의 방법에 따른다.

1. 「감정평가 및 감정평가사에 관한 법률」에 따른 감정평가업자 중 다음 각 목의 구분에 따른 감정평가업자가 평가한 금액을 산술평균하여 산정한다. 다만, 관리처분계획을 변경 · 중지 또는 폐지하려는 경우 분양예정 대상인 대지 또는 건축물의 추산액과 종전의 토지 또는 건축물의 가격은 사업시행자 및 토지등소유자 전원이 합의하여 산정할 수 있다.

가. 주거환경개선사업 또는 재개발사업: 시장 · 군수등이 선정 · 계약한 2인 이상의 감정평가업자

나. 재건축사업: 시장 · 군수등이 선정 · 계약한 1인 이상의 감정평가업자와 조합총회의 의결로 선정 · 계약한 1인 이상의 감정평가업자

2. 시장 · 군수등은 제1호에 따라 감정평가업자를 선정 · 계약하는 경우 감정평가업

자의 업무수행능력, 소속 감정평가사의 수, 감정평가 실적, 법규 준수 여부, 평가계획의 적정성 등을 고려하여 객관적이고 투명한 절차에 따라 선정하여야 한다. 이 경우 감정평가업자의 선정 · 절차 및 방법 등에 필요한 사항은 시 · 도조례로 정한다.

3. 사업시행자는 제1호에 따라 감정평가를 하려는 경우 시장 · 군수등에게 감정평가업자의 선정 · 계약을 요청하고 감정평가에 필요한 비용을 미리 예치하여야 한다. 시장 · 군수등은 감정평가가 끝난 경우 예치된 금액에서 감정평가 비용을 직접 지불한 후 나머지 비용을 사업시행자와 정산하여야 한다.

③ 조합은 제45조제1항제10호의 사항을 의결하기 위한 총회의 개최일부터 1개월 전에 제1항제3호부터 제6호까지의 규정에 해당하는 사항을 각 조합원에게 문서로 통지하여야 한다.

④ 제1항에 따른 관리처분계획의 내용, 관리처분의 방법 등에 필요한 사항은 대통령령으로 정한다.

⑤ 제1항 각 호의 관리처분계획의 내용과 제2항부터 제4항까지의 규정은 시장 · 군수등이 직접 수립하는 관리처분계획에 준용한다.

제75조(사업시행계획인가 및 관리처분계획인가의 시기 조정)

① 특별시장 · 광역시장 또는 도지사는 정비사업의 시행으로 정비구역 주변 지역에 주택이 현저하게 부족하거나 주택시장이 불안정하게 되는 등 특별시 · 광역시 또는 도의 조례로 정하는 사유가 발생하는 경우에는 「주거기본법」 제9조에 따른 시 · 도 주거정책심의위원회의 심의를 거쳐 사업시행계획인가 또는 제74조에 따른 관리처분계획인가의 시기를 조정하도록 해당 시장, 군수 또는 구청장에게 요청할 수 있다. 이 경우 요청을 받은 시장, 군수 또는 구청장은 특별한 사유가 없으면 그 요청에 따라야 하며, 사업시행계획인가 또는 관리처분계획인가의 조정 시기는 인가를 신청한 날부터 1년을 넘을 수 없다.

② 특별자치시장 및 특별자치도지사는 정비사업의 시행으로 정비구역 주변 지역에 주택이 현저하게 부족하거나 주택시장이 불안정하게 되는 등 특별자치시 및 특별자치도의 조례로 정하는 사유가 발생하는 경우에는 「주거기본법」 제9조에 따른 시 · 도 주거정책심의위원회의 심의를 거쳐 사업시행계획인가 또는 제74조에 따른 관리처분계획인

가의 시기를 조정할 수 있다. 이 경우 사업시행계획인가 또는 관리처분계획인가의 조정 시기는 인가를 신청한 날부터 1년을 넘을 수 없다.

③ 제1항 및 제2항에 따른 사업시행계획인가 또는 관리처분계획인가의 시기 조정의 방법 및 절차 등에 필요한 사항은 특별시 · 광역시 · 특별자치시 · 도 또는 특별자치도의 조례로 정한다.

제76조(관리처분계획의 수립기준)

① 제74조제1항에 따른 관리처분계획의 내용은 다음 각 호의 기준에 따른다. 〈개정 2017. 10. 24., 2018. 3. 20., 2022. 2. 3.〉

1. 종전의 토지 또는 건축물의 면적 · 이용 상황 · 환경, 그 밖의 사항을 종합적으로 고려하여 대지 또는 건축물이 균형 있게 분양신청자에게 배분되고 합리적으로 이용되도록 한다.
2. 지나치게 좁거나 넓은 토지 또는 건축물은 넓히거나 좁혀 대지 또는 건축물이 적정 규모가 되도록 한다.
3. 너무 좁은 토지 또는 건축물이나 정비구역 지정 후 분할된 토지를 취득한 자에게는 현금으로 청산할 수 있다.
4. 재해 또는 위생상의 위해를 방지하기 위하여 토지의 규모를 조정할 특별한 필요가 있는 때에는 너무 좁은 토지를 넓혀 토지를 갈음하여 보상을 하거나 건축물의 일부와 그 건축물이 있는 대지의 공유지분을 교부할 수 있다.
5. 분양설계에 관한 계획은 제72조에 따른 분양신청기간이 만료하는 날을 기준으로 하여 수립한다.
6. 1세대 또는 1명이 하나 이상의 주택 또는 토지를 소유한 경우 1주택을 공급하고, 같은 세대에 속하지 아니하는 2명 이상이 1주택 또는 1토지를 공유한 경우에는 1주택만 공급한다.
7. 제6호에도 불구하고 다음 각 목의 경우에는 각 목의 방법에 따라 주택을 공급할 수 있다.
   가. 2명 이상이 1토지를 공유한 경우로서 시 · 도조례로 주택공급을 따로 정하고 있는 경우에는 시 · 도조례로 정하는 바에 따라 주택을 공급할 수 있다.
   나. 다음 어느 하나에 해당하는 토지등소유자에게는 소유한 주택 수만큼 공급할 수 있다.

1) 과밀억제권역에 위치하지 아니한 재건축사업의 토지등소유자. 다만, 투기과열지구 또는 「주택법」 제63조의2제1항제1호에 따라 지정된 조정대상지역(이하 이 조에서 "조정대상지역"이라 한다)에서 사업시행계획인가(최초 사업시행계획인가를 말한다)를 신청하는 재건축사업의 토지등소유자는 제외한다.

2) 근로자(공무원인 근로자를 포함한다) 숙소, 기숙사 용도로 주택을 소유하고 있는 토지등소유자

3) 국가, 지방자치단체 및 토지주택공사등

4) 「국가균형발전 특별법」 제18조에 따른 공공기관지방이전 및 혁신도시 활성화를 위한 시책 등에 따라 이전하는 공공기관이 소유한 주택을 양수한 자

다. 나목1) 단서에도 불구하고 과밀억제권역 외의 조정대상지역 또는 투기과열지구에서 조정대상지역 또는 투기과열지구로 지정되기 전에 1명의 토지등소유자로부터 토지 또는 건축물의 소유권을 양수하여 여러 명이 소유하게 된 경우에는 양도인과 양수인에게 각각 1주택을 공급할 수 있다.

라. 제74조제1항제5호에 따른 가격의 범위 또는 종전 주택의 주거전용면적의 범위에서 2주택을 공급할 수 있고, 이 중 1주택은 주거전용면적을 60제곱미터 이하로 한다. 다만, 60제곱미터 이하로 공급받은 1주택은 제86조제2항에 따른 이전고시일 다음 날부터 3년이 지나기 전에는 주택을 전매(매매 · 증여나 그 밖에 권리의 변동을 수반하는 모든 행위를 포함하되 상속의 경우는 제외한다)하거나 전매를 알선할 수 없다.

마. 과밀억제권역에 위치한 재건축사업의 경우에는 토지등소유자가 소유한 주택수의 범위에서 3주택까지 공급할 수 있다. 다만, 투기과열지구 또는 조정대상지역에서 사업시행계획인가(최초 사업시행계획인가를 말한다)를 신청하는 재건축사업의 경우에는 그러하지 아니하다.

② 제1항에 따른 관리처분계획의 수립기준 등에 필요한 사항은 대통령령으로 정한다

제77조(주택 등 건축물을 분양받을 권리의 산정 기준일)

① 정비사업을 통하여 분양받을 건축물이 다음 각 호의 어느 하나에 해당하는 경우에는 제16조제2항 전단에 따른 고시가 있은 날 또는 시 · 도지사가 투기를 억제하기 위하여 기본계획 수립 후 정비구역 지정 · 고시 전에 따로 정하는 날(이하 이 조에서 "기준일"이라 한다)의 다음 날을 기준으로 건축물을 분양받을 권리를 산정한다. 〈개정 2018. 6. 12.〉

1. 1필지의 토지가 여러 개의 필지로 분할되는 경우
2. 단독주택 또는 다가구주택이 다세대주택으로 전환되는 경우
3. 하나의 대지 범위에 속하는 동일인 소유의 토지와 주택 등 건축물을 토지와 주택 등 건축물로 각각 분리하여 소유하는 경우
4. 나대지에 건축물을 새로 건축하거나 기존 건축물을 철거하고 다세대주택, 그 밖의 공동주택을 건축하여 토지등소유자의 수가 증가하는 경우

② 시 · 도지사는 제1항에 따라 기준일을 따로 정하는 경우에는 기준일 · 지정사유 · 건축물을 분양받을 권리의 산정 기준 등을 해당 지방자치단체의 공보에 고시하여야 한다.

제78조(관리처분계획의 공람 및 인가절차 등)

① 사업시행자는 제74조에 따른 관리처분계획인가를 신청하기 전에 관계 서류의 사본을 30일 이상 토지등소유자에게 공람하게 하고 의견을 들어야 한다. 다만, 제74조제1항 각 호 외의 부분 단서에 따라 대통령령으로 정하는 경미한 사항을 변경하려는 경우에는 토지등소유자의 공람 및 의견청취 절차를 거치지 아니할 수 있다.

② 시장 · 군수등은 사업시행자의 관리처분계획인가의 신청이 있은 날부터 30일 이내에 인가 여부를 결정하여 사업시행자에게 통보하여야 한다. 다만, 시장 · 군수등은 제3항에 따라 관리처분계획의 타당성 검증을 요청하는 경우에는 관리처분계획인가의 신청을 받은 날부터 60일 이내에 인가 여부를 결정하여 사업시행자에게 통지하여야 한다. 〈개정 2017. 8. 9.〉

③ 시장 · 군수등은 다음 각 호의 어느 하나에 해당하는 경우에는 대통령령으로 정하는 공공기관에 관리처분계획의 타당성 검증을 요청하여야 한다. 이 경우 시장 · 군수등은 타당성 검증 비용을 사업시행자에게 부담하게 할 수 있다. 〈신설 2017. 8. 9.〉
1. 제74조제1항제6호에 따른 정비사업비가 제52조제1항제12호에 따른 정비사업비 기준으로 100분의 10 이상으로서 대통령령으로 정하는 비율 이상 늘어나는 경우
2. 제74조제1항제6호에 따른 조합원 분담규모가 제72조제1항제2호에 따른 분양대상자별 분담금의 추산액 총액 기준으로 100분의 20 이상으로서 대통령령으로 정하는 비율 이상 늘어나는 경우
3. 조합원 5분의 1 이상이 관리처분계획인가 신청이 있은 날부터 15일 이내에 시장 · 군수등에게 타당성 검증을 요청한 경우

4. 그 밖에 시장·군수등이 필요하다고 인정하는 경우

④ 시장·군수등이 제2항에 따라 관리처분계획을 인가하는 때에는 그 내용을 해당 지방자치단체의 공보에 고시하여야 한다. 〈개정 2017. 8. 9.〉

⑤ 사업시행자는 제1항에 따라 공람을 실시하려거나 제4항에 따른 시장·군수등의 고시가 있은 때에는 대통령령으로 정하는 방법과 절차에 따라 토지등소유자에게는 공람계획을 통지하고, 분양신청을 한 자에게는 관리처분계획인가의 내용 등을 통지하여야 한다. 〈개정 2017. 8. 9.〉

⑥ 제1항, 제4항 및 제5항은 시장·군수등이 직접 관리처분계획을 수립하는 경우에 준용한다. 〈개정 2017. 8. 9.〉

제79조(관리처분계획에 따른 처분 등)

① 정비사업의 시행으로 조성된 대지 및 건축물은 관리처분계획에 따라 처분 또는 관리하여야 한다.

② 사업시행자는 정비사업의 시행으로 건설된 건축물을 제74조에 따라 인가받은 관리처분계획에 따라 토지등소유자에게 공급하여야 한다.

③ 사업시행자(제23조제1항제2호에 따라 대지를 공급받아 주택을 건설하는 자를 포함한다. 이하 이 항, 제6항 및 제7항에서 같다)는 정비구역에 주택을 건설하는 경우에는 입주자 모집 조건·방법·절차, 입주금(계약금·중도금 및 잔금을 말한다)의 납부 방법·시기·절차, 주택공급 방법·절차 등에 관하여 「주택법」 제54조에도 불구하고 대통령령으로 정하는 범위에서 시장·군수등의 승인을 받아 따로 정할 수 있다.

④ 사업시행자는 제72조에 따른 분양신청을 받은 후 잔여분이 있는 경우에는 정관등 또는 사업시행계획으로 정하는 목적을 위하여 그 잔여분을 보류지(건축물을 포함한다)로 정하거나 조합원 또는 토지등소유자 이외의 자에게 분양할 수 있다. 이 경우 분양공고와 분양신청절차 등에 필요한 사항은 대통령령으로 정한다.

⑤ 국토교통부장관, 시·도지사, 시장, 군수, 구청장 또는 토지주택공사등은 조합이

요청하는 경우 재개발사업의 시행으로 건설된 임대주택을 인수하여야 한다. 이 경우 재개발임대주택의 인수 절차 및 방법, 인수 가격 등에 필요한 사항은 대통령령으로 정한다.

⑥ 사업시행자는 정비사업의 시행으로 임대주택을 건설하는 경우에는 임차인의 자격 · 선정방법 · 임대보증금 · 임대료 등 임대조건에 관한 기준 및 무주택 세대주에게 우선 매각하도록 하는 기준 등에 관하여 「민간임대주택에 관한 특별법」 제42조 및 제44조, 「공공주택 특별법」 제48조, 제49조 및 제50조의3에도 불구하고 대통령령으로 정하는 범위에서 시장 · 군수등의 승인을 받아 따로 정할 수 있다. 다만, 재개발임대주택으로서 최초의 임차인 선정이 아닌 경우에는 대통령령으로 정하는 범위에서 인수자가 따로 정한다.

⑦ 사업시행자는 제2항부터 제6항까지의 규정에 따른 공급대상자에게 주택을 공급하고 남은 주택을 제2항부터 제6항까지의 규정에 따른 공급대상자 외의 자에게 공급할 수 있다.

⑧ 제7항에 따른 주택의 공급 방법 · 절차 등은 「주택법」 제54조를 준용한다. 다만, 사업시행자가 제64조에 따른 매도청구소송을 통하여 법원의 승소판결을 받은 후 입주예정자에게 피해가 없도록 손실보상금을 공탁하고 분양예정인 건축물을 담보한 경우에는 법원의 승소판결이 확정되기 전이라도 「주택법」 제54조에도 불구하고 입주자를 모집할 수 있으나, 제83조에 따른 준공인가 신청 전까지 해당 주택건설 대지의 소유권을 확보하여야 한다.

제80조(지분형주택 등의 공급)

① 사업시행자가 토지주택공사등인 경우에는 분양대상자와 사업시행자가 공동 소유하는 방식으로 주택(이하 "지분형주택"이라 한다)을 공급할 수 있다. 이 경우 공급되는 지분형주택의 규모, 공동 소유기간 및 분양대상자 등 필요한 사항은 대통령령으로 정한다.

② 국토교통부장관, 시 · 도지사, 시장, 군수, 구청장 또는 토지주택공사등은 정비구역에 세입자와 대통령령으로 정하는 면적 이하의 토지 또는 주택을 소유한 자의 요청이 있는 경우에는 제79조제5항에 따라 인수한 임대주택의 일부를 「주택법」에 따른 토지

임대부 분양주택으로 전환하여 공급하여야 한다.

제81조(건축물 등의 사용 · 수익의 중지 및 철거 등)

① 종전의 토지 또는 건축물의 소유자 · 지상권자 · 전세권자 · 임차권자 등 권리자는 제78조제4항에 따른 관리처분계획인가의 고시가 있은 때에는 제86조에 따른 이전고시가 있는 날까지 종전의 토지 또는 건축물을 사용하거나 수익할 수 없다. 다만, 다음 각 호의 어느 하나에 해당하는 경우에는 그러하지 아니하다. 〈개정 2017. 8. 9.〉

1. 사업시행자의 동의를 받은 경우
2. 「공익사업을 위한 토지 등의 취득 및 보상에 관한 법률」에 따른 손실보상이 완료되지 아니한 경우

② 사업시행자는 제74조제1항에 따른 관리처분계획인가를 받은 후 기존의 건축물을 철거하여야 한다.

③ 사업시행자는 다음 각 호의 어느 하나에 해당하는 경우에는 제2항에도 불구하고 기존 건축물 소유자의 동의 및 시장 · 군수등의 허가를 받아 해당 건축물을 철거할 수 있다. 이 경우 건축물의 철거는 토지등소유자로서의 권리 · 의무에 영향을 주지 아니한다.

1. 「재난 및 안전관리 기본법」·「주택법」·「건축법」 등 관계 법령에서 정하는 기존 건축물의 붕괴 등 안전사고의 우려가 있는 경우
2. 폐공가(廢空家)의 밀집으로 범죄발생의 우려가 있는 경우

④ 시장 · 군수등은 사업시행자가 제2항에 따라 기존의 건축물을 철거하는 경우 다음 각 호의 어느 하나에 해당하는 시기에는 건축물의 철거를 제한할 수 있다.

1. 일출 전과 일몰 후
2. 호우, 대설, 폭풍해일, 지진해일, 태풍, 강풍, 풍랑, 한파 등으로 해당 지역에 중대한 재해발생이 예상되어 기상청장이 「기상법」 제13조에 따라 특보를 발표한 때
3. 「재난 및 안전관리 기본법」 제3조에 따른 재난이 발생한 때
4. 제1호부터 제3호까지의 규정에 준하는 시기로 시장 · 군수등이 인정하는 시기

제82조(시공보증)

① 조합이 정비사업의 시행을 위하여 시장 · 군수등 또는 토지주택공사등이 아닌 자를 시공자로 선정(제25조에 따른 공동사업시행자가 시공하는 경우를 포함한다)한 경우

그 시공자는 공사의 시공보증(시공자가 공사의 계약상 의무를 이행하지 못하거나 의무이행을 하지 아니할 경우 보증기관에서 시공자를 대신하여 계약이행의무를 부담하거나 총 공사금액의 100분의 50 이하 대통령령으로 정하는 비율 이상의 범위에서 사업시행자가 정하는 금액을 납부할 것을 보증하는 것을 말한다)을 위하여 국토교통부령으로 정하는 기관의 시공보증서를 조합에 제출하여야 한다. 〈개정 2018. 6. 12.〉

② 시장·군수등은 「건축법」 제21조에 따른 착공신고를 받는 경우에는 제1항에 따른 시공보증서의 제출 여부를 확인하여야 한다.

제6절 공사완료에 따른 조치 등

* 준공인가 공사완료고시 1.인가 2.효과

제83조(정비사업의 준공인가)

① 시장·군수등이 아닌 사업시행자가 정비사업 공사를 완료한 때에는 대통령령으로 정하는 방법 및 절차에 따라 시장·군수등의 준공인가를 받아야 한다.

② 제1항에 따라 준공인가신청을 받은 시장·군수등은 지체 없이 준공검사를 실시하여야 한다. 이 경우 시장·군수등은 효율적인 준공검사를 위하여 필요한 때에는 관계 행정기관·공공기관·연구기관, 그 밖의 전문기관 또는 단체에게 준공검사의 실시를 의뢰할 수 있다.

③ 시장·군수등은 제2항 전단 또는 후단에 따른 준공검사를 실시한 결과 정비사업이 인가받은 사업시행계획대로 완료되었다고 인정되는 때에는 준공인가를 하고 공사의 완료를 해당 지방자치단체의 공보에 고시하여야 한다.
④ 시장·군수등은 직접 시행하는 정비사업에 관한 공사가 완료된 때에는 그 완료를 해당 지방자치단체의 공보에 고시하여야 한다.

⑤ 시장·군수등은 제1항에 따른 준공인가를 하기 전이라도 완공된 건축물이 사용에 지장이 없는 등 대통령령으로 정하는 기준에 적합한 경우에는 입주예정자가 완공된

건축물을 사용할 수 있도록 사업시행자에게 허가할 수 있다. 다만, 시장·군수등이 사업시행자인 경우에는 허가를 받지 아니하고 입주예정자가 완공된 건축물을 사용하게 할 수 있다.

⑥ 제3항 및 제4항에 따른 공사완료의 고시 절차 및 방법, 그 밖에 필요한 사항은 대통령령으로 정한다.

제84조(준공인가 등에 따른 정비구역의 해제)

① 정비구역의 지정은 제83조에 따른 준공인가의 고시가 있은 날(관리처분계획을 수립하는 경우에는 이전고시가 있은 때를 말한다)의 다음 날에 해제된 것으로 본다. 이 경우 지방자치단체는 해당 지역을 「국토의 계획 및 이용에 관한 법률」에 따른 지구단위계획으로 관리하여야 한다.

② 제1항에 따른 정비구역의 해제는 조합의 존속에 영향을 주지 아니한다.

제85조(공사완료에 따른 관련 인·허가등의 의제)

① 제83조제1항부터 제4항까지의 규정에 따라 준공인가를 하거나 공사완료를 고시하는 경우 시장·군수등이 제57조에 따라 의제되는 인·허가등에 따른 준공검사·준공인가·사용검사·사용승인 등(이하 "준공검사·인가등"이라 한다)에 관하여 제3항에 따라 관계 행정기관의 장과 협의한 사항은 해당 준공검사·인가등을 받은 것으로 본다.

② 시장·군수등이 아닌 사업시행자는 제1항에 따른 준공검사·인가등의 의제를 받으려는 경우에는 제83조제1항에 따른 준공인가를 신청하는 때에 해당 법률이 정하는 관계 서류를 함께 제출하여야 한다.

③ 시장·군수등은 제83조제1항부터 제4항까지의 규정에 따른 준공인가를 하거나 공사완료를 고시하는 경우 그 내용에 제57조에 따라 의제되는 인·허가등에 따른 준공검사·인가등에 해당하는 사항이 있은 때에는 미리 관계 행정기관의 장과 협의하여야 한다.

④ 제57조제6항은 제1항에 따른 준공검사·인가등의 의제에 준용한다.

*소유권이전고시 1.방법

2.절차
3.효과

第86조(이전고시 등)

① 사업시행자는 제83조제3항 및 제4항에 따른 고시가 있은 때에는 지체 없이 대지 확정측량을 하고 토지의 분할절차를 거쳐 관리처분계획에서 정한 사항을 분양받을 자에게 통지하고 대지 또는 건축물의 소유권을 이전하여야 한다. 다만, 정비사업의 효율적인 추진을 위하여 필요한 경우에는 해당 정비사업에 관한 공사가 전부 완료되기 전이라도 완공된 부분은 준공인가를 받아 대지 또는 건축물별로 분양받을 자에게 소유권을 이전할 수 있다.

② 사업시행자는 제1항에 따라 대지 및 건축물의 소유권을 이전하려는 때에는 그 내용을 해당 지방자치단체의 공보에 고시한 후 시장·군수등에게 보고하여야 한다. 이 경우 대지 또는 건축물을 분양받을 자는 고시가 있은 날의 다음 날에 그 대지 또는 건축물의 소유권을 취득한다.

第87조(대지 및 건축물에 대한 권리의 확정)

① 대지 또는 건축물을 분양받을 자에게 제86조제2항에 따라 소유권을 이전한 경우 종전의 토지 또는 건축물에 설정된 지상권·전세권·저당권·임차권·가등기담보권·가압류 등 등기된 권리 및 「주택임대차보호법」 제3조제1항의 요건을 갖춘 임차권은 소유권을 이전받은 대지 또는 건축물에 설정된 것으로 본다.

② 제1항에 따라 취득하는 대지 또는 건축물 중 토지등소유자에게 분양하는 대지 또는 건축물은 「도시개발법」 제40조에 따라 행하여진 환지로 본다.

③ 제79조제4항에 따른 보류지와 일반에게 분양하는 대지 또는 건축물은 「도시개발법」 제34조에 따른 보류지 또는 체비지로 본다.

第88조(등기절차 및 권리변동의 제한)

① 사업시행자는 제86조제2항에 따른 이전고시가 있은 때에는 지체 없이 대지 및 건축물에 관한 등기를 지방법원지원 또는 등기소에 촉탁 또는 신청하여야 한다.

② 제1항의 등기에 필요한 사항은 대법원규칙으로 정한다.

③ 정비사업에 관하여 제86조제2항에 따른 이전고시가 있은 날부터 제1항에 따른 등기가 있을 때까지는 저당권 등의 다른 등기를 하지 못한다.

*청산금의 징수 1.절차 2.소멸

제89조(청산금 등)

① 대지 또는 건축물을 분양받은 자가 종전에 소유하고 있던 토지 또는 건축물의 가격과 분양받은 대지 또는 건축물의 가격 사이에 차이가 있는 경우 사업시행자는 제86조제2항에 따른 이전고시가 있은 후에 그 차액에 상당하는 금액(이하 "청산금"이라 한다)을 분양받은 자로부터 징수하거나 분양받은 자에게 지급하여야 한다.

② 제1항에도 불구하고 사업시행자는 정관등에서 분할징수 및 분할지급을 정하고 있거나 총회의 의결을 거쳐 따로 정한 경우에는 관리처분계획인가 후부터 제86조제2항에 따른 이전고시가 있은 날까지 일정 기간별로 분할징수하거나 분할지급할 수 있다.

③ 사업시행자는 제1항 및 제2항을 적용하기 위하여 종전에 소유하고 있던 토지 또는 건축물의 가격과 분양받은 대지 또는 건축물의 가격을 평가하는 경우 그 토지 또는 건축물의 규모 · 위치 · 용도 · 이용 상황 · 정비사업비 등을 참작하여 평가하여야 한다.

④ 제3항에 따른 가격평가의 방법 및 절차 등에 필요한 사항은 대통령령으로 정한다.

제90조(청산금의 징수방법 등)

① 시장 · 군수등인 사업시행자는 청산금을 납부할 자가 이를 납부하지 아니하는 경우 지방세 체납처분의 예에 따라 징수(분할징수를 포함한다. 이하 이 조에서 같다)할 수 있으며, 시장 · 군수등이 아닌 사업시행자는 시장 · 군수등에게 청산금의 징수를 위탁할 수 있다. 이 경우 제93조제5항을 준용한다.

② 제89조제1항에 따른 청산금을 지급받을 자가 받을 수 없거나 받기를 거부한 때에는 사업시행자는 그 청산금을 공탁할 수 있다.

③ 청산금을 지급(분할지급을 포함한다)받을 권리 또는 이를 징수할 권리는 제86조제2항에 따른 이전고시일의 다음 날부터 5년간 행사하지 아니하면 소멸한다.

제91조(저당권의 물상대위)

정비구역에 있는 토지 또는 건축물에 저당권을 설정한 권리자는 사업시행자가 저당권이 설정된 토지 또는 건축물의 소유자에게 청산금을 지급하기 전에 압류절차를 거쳐 저당권을 행사할 수 있다.

제4장 비용의 부담 등

제92조(비용부담의 원칙)

① 정비사업비는 이 법 또는 다른 법령에 특별한 규정이 있는 경우를 제외하고는 사업시행자가 부담한다.

② 시장 · 군수등은 시장 · 군수등이 아닌 사업시행자가 시행하는 정비사업의 정비계획에 따라 설치되는 다음 각 호의 시설에 대하여는 그 건설에 드는 비용의 전부 또는 일부를 부담할 수 있다.

1. 도시 · 군계획시설 중 대통령령으로 정하는 주요 정비기반시설 및 공동이용시설
2. 임시거주시설

(주요 정비기반시설) 법 제92조제2항제1호에서 "대통령령으로 정하는 주요 정비기반시설 및 공동이용시설"이란 다음 각 호의 시설을 말한다. 1. 도로 2. 상 · 하수도 3. 공원 4. 공용주차장 5. 공동구 6. 녹지 7. 하천 8. 공공공지 9. 광장

제93조(비용의 조달)

① 사업시행자는 토지등소유자로부터 제92조제1항에 따른 비용과 정비사업의 시행과정에서 발생한 수입의 차액을 부과금으로 부과 · 징수할 수 있다.

② 사업시행자는 토지등소유자가 제1항에 따른 부과금의 납부를 태만히 한 때에는 연체료를 부과 · 징수할 수 있다.

③ 제1항 및 제2항에 따른 부과금 및 연체료의 부과 · 징수에 필요한 사항은 정관등으로 정한다.

④ 시장 · 군수등이 아닌 사업시행자는 부과금 또는 연체료를 체납하는 자가 있는 때

에는 시장·군수등에게 그 부과·징수를 위탁할 수 있다.

⑤ 시장·군수등은 제4항에 따라 부과·징수를 위탁받은 경우에는 지방세 체납처분의 예에 따라 부과·징수할 수 있다. 이 경우 사업시행자는 징수한 금액의 100분의 4에 해당하는 금액을 해당 시장·군수등에게 교부하여야 한다.

제94조(정비기반시설 관리자의 비용부담)

① 시장·군수등은 자신이 시행하는 정비사업으로 현저한 이익을 받는 정비기반시설의 관리자가 있는 경우에는 대통령령으로 정하는 방법 및 절차에 따라 해당 정비사업비의 일부를 그 정비기반시설의 관리자와 협의하여 그 관리자에게 부담시킬 수 있다.

② 사업시행자는 정비사업을 시행하는 지역에 전기·가스 등의 공급시설을 설치하기 위하여 공동구를 설치하는 경우에는 다른 법령에 따라 그 공동구에 수용될 시설을 설치할 의무가 있는 자에게 공동구의 설치에 드는 비용을 부담시킬 수 있다.

③ 제2항의 비용부담의 비율 및 부담방법과 공동구의 관리에 필요한 사항은 국토교통부령으로 정한다.

제95조(보조 및 융자)

① 국가 또는 시·도는 시장, 군수, 구청장 또는 토지주택공사등이 시행하는 정비사업에 관한 기초조사 및 정비사업의 시행에 필요한 시설로서 대통령령으로 정하는 정비기반시설, 임시거주시설 및 주거환경개선사업에 따른 공동이용시설의 건설에 드는 비용의 일부를 보조하거나 융자할 수 있다. 이 경우 국가 또는 시·도는 다음 각 호의 어느 하나에 해당하는 사업에 우선적으로 보조하거나 융자할 수 있다.

1. 시장·군수등 또는 토지주택공사등이 다음 각 목의 어느 하나에 해당하는 지역에서 시행하는 주거환경개선사업

    가. 제20조 및 제21조에 따라 해제된 정비구역등

    나. 「도시재정비 촉진을 위한 특별법」 제7조제2항에 따라 재정비촉진지구가 해제된 지역

2. 국가 또는 지방자치단체가 도시영세민을 이주시켜 형성된 낙후지역으로서 대통령령으로 정하는 지역에서 시장·군수등 또는 토지주택공사등이 단독으로 시행하는 재개발사업

② 시장·군수등은 사업시행자가 토지주택공사등인 주거환경개선사업과 관련하여 제1항에 따른 정비기반시설 및 공동이용시설, 임시거주시설을 건설하는 경우 건설에 드는 비용의 전부 또는 일부를 토지주택공사등에게 보조하여야 한다.

③ 국가 또는 지방자치단체는 시장·군수등이 아닌 사업시행자가 시행하는 정비사업에 드는 비용의 일부를 보조 또는 융자하거나 융자를 알선할 수 있다.

④ 국가 또는 지방자치단체는 제1항 및 제2항에 따라 정비사업에 필요한 비용을 보조 또는 융자하는 경우 제59조제1항에 따른 순환정비방식의 정비사업에 우선적으로 지원할 수 있다. 이 경우 순환정비방식의 정비사업의 원활한 시행을 위하여 국가 또는 지방자치단체는 다음 각 호의 비용 일부를 보조 또는 융자할 수 있다. 〈개정 2018. 6. 12.〉

1. 순환용주택의 건설비
2. 순환용주택의 단열보완 및 창호교체 등 에너지 성능 향상과 효율개선을 위한 리모델링 비용
3. 공가(空家)관리비

⑤ 국가는 다음 각 호의 어느 하나에 해당하는 비용의 전부 또는 일부를 지방자치단체 또는 토지주택공사등에 보조 또는 융자할 수 있다.

1. 제59조제2항에 따라 토지주택공사등이 보유한 공공임대주택을 순환용주택으로 조합에게 제공하는 경우 그 건설비 및 공가관리비 등의 비용
2. 제79조제5항에 따라 시·도지사, 시장, 군수, 구청장 또는 토지주택공사등이 재개발임대주택을 인수하는 경우 그 인수 비용

⑥ 국가 또는 지방자치단체는 제80조제2항에 따라 토지임대부 분양주택을 공급받는 자에게 해당 공급비용의 전부 또는 일부를 보조 또는 융자할 수 있다.

제96조(정비기반시설의 설치)

사업시행자는 관할 지방자치단체의 장과의 협의를 거쳐 정비구역에 정비기반시설(주거환경개선사업의 경우에는 공동이용시설을 포함한다)을 설치하여야 한다.

제97조(정비기반시설 및 토지 등의 귀속)

① 시장·군수등 또는 토지주택공사등이 정비사업의 시행으로 새로 정비기반시설을

설치하거나 기존의 정비기반시설을 대체하는 정비기반시설을 설치한 경우에는 「국유재산법」 및 「공유재산 및 물품 관리법」에도 불구하고 종래의 정비기반시설은 사업시행자에게 무상으로 귀속되고, 새로 설치된 정비기반시설은 그 시설을 관리할 국가 또는 지방자치단체에 무상으로 귀속된다.

② 시장 · 군수등 또는 토지주택공사등이 아닌 사업시행자가 정비사업의 시행으로 새로 설치한 정비기반시설은 그 시설을 관리할 국가 또는 지방자치단체에 무상으로 귀속되고, 정비사업의 시행으로 용도가 폐지되는 국가 또는 지방자치단체 소유의 정비기반시설은 사업시행자가 새로 설치한 정비기반시설의 설치비용에 상당하는 범위에서 그에게 무상으로 양도된다.

③ 제1항 및 제2항의 정비기반시설에 해당하는 도로는 다음 각 호의 어느 하나에 해당하는 도로를 말한다.

1. 「국토의 계획 및 이용에 관한 법률」 제30조에 따라 도시 · 군관리계획으로 결정되어 설치된 도로
2. 「도로법」 제23조에 따라 도로관리청이 관리하는 도로
3. 「도시개발법」 등 다른 법률에 따라 설치된 국가 또는 지방자치단체 소유의 도로
4. 그 밖에 「공유재산 및 물품 관리법」에 따른 공유재산 중 일반인의 교통을 위하여 제공되고 있는 부지. 이 경우 부지의 사용 형태, 규모, 기능 등 구체적인 기준은 시 · 도조례로 정할 수 있다.

④ 시장 · 군수등은 제1항부터 제3항까지의 규정에 따른 정비기반시설의 귀속 및 양도에 관한 사항이 포함된 정비사업을 시행하거나 그 시행을 인가하려는 경우에는 미리 그 관리청의 의견을 들어야 한다. 인가받은 사항을 변경하려는 경우에도 또한 같다.

⑤ 사업시행자는 제1항부터 제3항까지의 규정에 따라 관리청에 귀속될 정비기반시설과 사업시행자에게 귀속 또는 양도될 재산의 종류와 세목을 정비사업의 준공 전에 관리청에 통지하여야 하며, 해당 정비기반시설은 그 정비사업이 준공인가되어 관리청에 준공인가통지를 한 때에 국가 또는 지방자치단체에 귀속되거나 사업시행자에게 귀속 또는 양도된 것으로 본다.

⑥ 제5항에 따른 정비기반시설의 등기에 있어서 정비사업의 시행인가서와 준공인가서

(시장 · 군수등이 직접 정비사업을 시행하는 경우에는 제50조제7항에 따른 사업시행계획인가의 고시와 제83조제4항에 따른 공사완료의 고시를 말한다)는 「부동산등기법」에 따른 등기원인을 증명하는 서류를 갈음한다.

⑦ 제1항 및 제2항에 따라 정비사업의 시행으로 용도가 폐지되는 국가 또는 지방자치단체 소유의 정비기반시설의 경우 정비사업의 시행 기간 동안 해당 시설의 대부료는 면제된다.

제98조(국유 · 공유재산의 처분 등)

① 시장 · 군수등은 제50조 및 제52조에 따라 인가하려는 사업시행계획 또는 직접 작성하는 사업시행계획서에 국유 · 공유재산의 처분에 관한 내용이 포함되어 있는 때에는 미리 관리청과 협의하여야 한다. 이 경우 관리청이 불분명한 재산 중 도로 · · 구거(도랑) 등은 국토교통부장관을,하천은 환경부장관을 그 외의 재산은 기획재정부장관을 관리청으로 본다.

② 제1항에 따라 협의를 받은 관리청은 20일 이내에 의견을 제시하여야 한다.

③ 정비구역의 국유 · 공유재산은 정비사업 외의 목적으로 매각되거나 양도될 수 없다.

④ 정비구역의 국유 · 공유재산은 「국유재산법」 제9조 또는 「공유재산 및 물품 관리법」 제10조에 따른 국유재산종합계획 또는 공유재산관리계획과 「국유재산법」 제43조 및 「공유재산 및 물품 관리법」 제29조에 따른 계약의 방법에도 불구하고 사업시행자 또는 점유자 및 사용자에게 다른 사람에 우선하여 수의계약으로 매각 또는 임대될 수 있다.

⑤ 제4항에 따라 다른 사람에 우선하여 매각 또는 임대될 수 있는 국유 · 공유재산은 「국유재산법」, 「공유재산 및 물품 관리법」 및 그 밖에 국 · 공유지의 관리와 처분에 관한 관계 법령에도 불구하고 사업시행계획인가의 고시가 있은 날부터 종전의 용도가 폐지된 것으로 본다.

⑥ 제4항에 따라 정비사업을 목적으로 우선하여 매각하는 국 · 공유지는 사업시행계획인가의 고시가 있은 날을 기준으로 평가하며, 주거환경개선사업의 경우 매각가격은

평가금액의 100분의 80으로 한다. 다만, 사업시행계획인가의 고시가 있은 날부터 3년 이내에 매매계약을 체결하지 아니한 국·공유지는 「국유재산법」 또는 「공유재산 및 물품 관리법」에서 정한다.

제99조(국유·공유재산의 임대)

① 지방자치단체 또는 토지주택공사등은 주거환경개선구역 및 재개발구역(재개발사업을 시행하는 정비구역을 말한다. 이하 같다)에서 임대주택을 건설하는 경우에는 「국유재산법」 제46조제1항 또는 「공유재산 및 물품 관리법」 제31조에도 불구하고 국·공유지 관리청과 협의하여 정한 기간 동안 국·공유지를 임대할 수 있다.

② 시장·군수등은 「국유재산법」 제18조제1항 또는 「공유재산 및 물품 관리법」 제13조에도 불구하고 제1항에 따라 임대하는 국·공유지 위에 공동주택, 그 밖의 영구시설물을 축조하게 할 수 있다. 이 경우 해당 시설물의 임대기간이 종료되는 때에는 임대한 국·공유지 관리청에 기부 또는 원상으로 회복하여 반환하거나 국·공유지 관리청으로부터 매입하여야 한다.

③ 제1항에 따라 임대하는 국·공유지의 임대료는 「국유재산법」 또는 「공유재산 및 물품 관리법」에서 정한다.

제100조(공동이용시설 사용료의 면제)

① 지방자치단체의 장은 마을공동체 활성화 등 공익 목적을 위하여 「공유재산 및 물품 관리법」 제20조에 따라 주거환경개선구역 내 공동이용시설에 대한 사용 허가를 하는 경우 같은 법 제22조에도 불구하고 사용료를 면제할 수 있다.

② 제1항에 따른 공익 목적의 기준, 사용료 면제 대상 및 그 밖에 필요한 사항은 시·도조례로 정한다.

제101조(국·공유지의 무상양여 등)

① 다음 각 호의 어느 하나에 해당하는 구역에서 국가 또는 지방자치단체가 소유하는 토지는 제50조제7항에 따른 사업시행계획인가의 고시가 있은 날부터 종전의 용도가 폐지된 것으로 보며, 「국유재산법」, 「공유재산 및 물품 관리법」 및 그 밖에 국·공유지의 관리 및 처분에 관하여 규정한 관계 법령에도 불구하고 해당 사업시행자에게 무상으로 양여된다. 다만, 「국유재산법」 제6조제2항에 따른 행정재산 또는 「공유재산 및

물품 관리법」 제5조제2항에 따른 행정재산과 국가 또는 지방자치단체가 양도계약을 체결하여 정비구역지정 고시일 현재 대금의 일부를 수령한 토지에 대하여는 그러하지 아니하다.

1. 주거환경개선구역

2. 국가 또는 지방자치단체가 도시영세민을 이주시켜 형성된 낙후지역으로서 대통령령으로 정하는 재개발구역(이 항 각 호 외의 부분 본문에도 불구하고 무상양여 대상에서 국유지는 제외하고, 공유지는 시장 · 군수등 또는 토지주택공사등이 단독으로 사업시행자가 되는 경우로 한정한다)

② 제1항 각 호에 해당하는 구역에서 국가 또는 지방자치단체가 소유하는 토지는 제16조제2항 전단에 따른 정비구역지정의 고시가 있은 날부터 정비사업 외의 목적으로 양도되거나 매각될 수 없다. 〈개정 2018. 6. 12.〉

③ 제1항에 따라 무상양여된 토지의 사용수익 또는 처분으로 발생한 수입은 주거환경개선사업 또는 재개발사업 외의 용도로 사용할 수 없다.

④ 시장 · 군수등은 제1항에 따른 무상양여의 대상이 되는 국 · 공유지를 소유 또는 관리하고 있는 국가 또는 지방자치단체와 협의를 하여야 한다.

⑤ 사업시행자에게 양여된 토지의 관리처분에 필요한 사항은 국토교통부장관의 승인을 받아 해당 시 · 도조례 또는 토지주택공사등의 시행규정으로 정한다.

제5장 정비사업전문관리업

제102조(정비사업전문관리업의 등록)

① 다음 각 호의 사항을 추진위원회 또는 사업시행자로부터 위탁받거나 이와 관련한 자문을 하려는 자는 대통령령으로 정하는 자본 · 기술인력 등의 기준을 갖춰 시 · 도지사에게 등록 또는 변경(대통령령으로 정하는 경미한 사항의 변경은 제외한다)등록하여야 한다. 다만, 주택의 건설 등 정비사업 관련 업무를 하는 공공기관 등으로 대통령령으로 정하는 기관의 경우에는 그러하지 아니하다.

1. 조합설립의 동의 및 정비사업의 동의에 관한 업무의 대행
2. 조합설립인가의 신청에 관한 업무의 대행
3. 사업성 검토 및 정비사업의 시행계획서의 작성
4. 설계자 및 시공자 선정에 관한 업무의 지원
5. 사업시행계획인가의 신청에 관한 업무의 대행
6. 관리처분계획의 수립에 관한 업무의 대행
7. 제118조제2항제2호에 따라 시장 · 군수등이 정비사업전문관리업자를 선정한 경우에는 추진위원회 설립에 필요한 다음 각 목의 업무

가. 동의서 제출의 접수

나. 운영규정 작성 지원

다. 그 밖에 시 · 도조례로 정하는 사항

② 제1항에 따른 등록의 절차 및 방법, 등록수수료 등에 필요한 사항은 대통령령으로 정한다.

③ 시 · 도지사는 제1항에 따라 정비사업전문관리업의 등록 또는 변경등록한 현황, 제106조제1항에 따라 정비사업전문관리업의 등록취소 또는 업무정지를 명한 현황을 국토교통부령으로 정하는 방법 및 절차에 따라 국토교통부장관에게 보고하여야 한다.

제103조(정비사업전문관리업자의 업무제한 등)

정비사업전문관리업자는 동일한 정비사업에 대하여 다음 각 호의 업무를 병행하여 수행할 수 없다.

1. 건축물의 철거
2. 정비사업의 설계
3. 정비사업의 시공

4. 정비사업의 회계감사

5. 그 밖에 정비사업의 공정한 질서유지에 필요하다고 인정하여 대통령령으로 정하는 업무

제104조(정비사업전문관리업자와 위탁자와의 관계)

정비사업전문관리업자에게 업무를 위탁하거나 자문을 요청한 자와 정비사업전문관리업자의 관계에 관하여 이 법에 규정된 사항을 제외하고는 「민법」 중 위임에 관한 규정을 준용한다.

제105조(정비사업전문관리업자의 결격사유)

① 다음 각 호의 어느 하나에 해당하는 자는 정비사업전문관리업의 등록을 신청할 수 없으며, 정비사업전문관리업자의 업무를 대표 또는 보조하는 임직원이 될 수 없다.

1. 미성년자(대표 또는 임원이 되는 경우로 한정한다) · 피성년후견인 또는 피한정후견인

2. 파산선고를 받은 자로서 복권되지 아니한 자

3. 정비사업의 시행과 관련한 범죄행위로 인하여 금고 이상의 실형의 선고를 받고 그 집행이 종료(종료된 것으로 보는 경우를 포함한다)되거나 집행이 면제된 날부터 2년이 경과되지 아니한 자

4. 정비사업의 시행과 관련한 범죄행위로 인하여 금고 이상의 형의 집행유예를 받고 그 유예기간 중에 있는 자

5. 이 법을 위반하여 벌금형 이상의 선고를 받고 2년이 경과되지 아니한 자

6. 제106조에 따라 등록이 취소된 후 2년이 경과되지 아니한 자(법인인 경우 그 대표자를 말한다)

7. 법인의 업무를 대표 또는 보조하는 임직원 중 제1호부터 제6호까지 중 어느 하나에 해당하는 자가 있는 법인

② 정비사업전문관리업자의 업무를 대표 또는 보조하는 임직원이 제1항 각 호의 어느 하나에 해당하게 되거나 선임 당시 그에 해당하는 자이었음이 판명된 때에는 당연 퇴직한다.

③ 제2항에 따라 퇴직된 임직원이 퇴직 전에 관여한 행위는 효력을 잃지 아니한다.

제106조(정비사업전문관리업의 등록취소 등)

① 시 · 도지사는 정비사업전문관리업자가 다음 각 호의 어느 하나에 해당하는 때에는 그 등록을 취소하거나 1년 이내의 기간을 정하여 업무의 전부 또는 일부의 정지를 명할 수 있다. 다만, 제1호 · 제4호 · 제8호 및 제9호에 해당하는 때에는 그 등록을 취소하여야 한다.

1. 거짓, 그 밖의 부정한 방법으로 등록을 한 때
2. 제102조제1항에 따른 등록기준에 미달하게 된 때
3. 추진위원회, 사업시행자 또는 시장 · 군수등의 위탁이나 자문에 관한 계약 없이 제102조제1항 각 호에 따른 업무를 수행한 때
4. 제102조제1항 각 호에 따른 업무를 직접 수행하지 아니한 때
5. 고의 또는 과실로 조합에게 계약금액(정비사업전문관리업자가 조합과 체결한 총 계약금액을 말한다)의 3분의 1 이상의 재산상 손실을 끼친 때
6. 제107조에 따른 보고 · 자료제출을 하지 아니하거나 거짓으로 한 때 또는 조사 · 검사를 거부 · 방해 또는 기피한 때
7. 제111조에 따른 보고 · 자료제출을 하지 아니하거나 거짓으로 한 때 또는 조사를 거부 · 방해 또는 기피한 때
8. 최근 3년간 2회 이상의 업무정지처분을 받은 자로서 그 정지처분을 받은 기간이 합산하여 12개월을 초과한 때
9. 다른 사람에게 자기의 성명 또는 상호를 사용하여 이 법에서 정한 업무를 수행하게 하거나 등록증을 대여한 때
10. 이 법을 위반하여 벌금형 이상의 선고를 받은 경우(법인의 경우에는 그 소속 임직원을 포함한다)
11. 그 밖에 이 법 또는 이 법에 따른 명령이나 처분을 위반한 때

② 제1항에 따른 등록의 취소 및 업무의 정지처분에 관한 기준은 대통령령으로 정한다.

③ 제1항에 따라 등록취소처분 등을 받은 정비사업전문관리업자와 등록취소처분 등을 명한 시 · 도지사는 추진위원회 또는 사업시행자에게 해당 내용을 지체 없이 통지하여야 한다. 〈개정 2019. 8. 20.〉

④ 정비사업전문관리업자는 제1항에 따라 등록취소처분 등을 받기 전에 계약을 체결한 업무는 계속하여 수행할 수 있다. 이 경우 정비사업전문관리업자는 해당 업무를

완료할 때까지는 정비사업전문관리업자로 본다.

⑤ 정비사업전문관리업자는 제4항 전단에도 불구하고 다음 각 호의 어느 하나에 해당하는 경우에는 업무를 계속하여 수행할 수 없다.

1. 사업시행자가 제3항에 따른 통지를 받거나 처분사실을 안 날부터 3개월 이내에 총회 또는 대의원회의 의결을 거쳐 해당 업무계약을 해지한 경우
2. 정비사업전문관리업자가 등록취소처분 등을 받은 날부터 3개월 이내에 사업시행자로부터 업무의 계속 수행에 대하여 동의를 받지 못한 경우. 이 경우 사업시행자가 동의를 하려는 때에는 총회 또는 대의원회의 의결을 거쳐야 한다.
3. 제1항 각 호 외의 부분 단서에 따라 등록이 취소된 경우

제107조(정비사업전문관리업자에 대한 조사 등)

① 국토교통부장관 또는 시·도지사는 다음 각 호의 어느 하나에 해당하는 경우 정비사업전문관리업자에 대하여 그 업무에 관한 사항을 보고하게 하거나 자료의 제출, 그 밖의 필요한 명령을 할 수 있으며, 소속 공무원에게 영업소 등에 출입하여 장부·서류 등을 조사 또는 검사하게 할 수 있다. 〈개정 2019. 8. 20.〉

1. 등록요건 또는 결격사유 등 이 법에서 정한 사항의 위반 여부를 확인할 필요가 있는 경우
2. 정비사업전문관리업자와 토지등소유자, 조합원, 그 밖에 정비사업과 관련한 이해관계인 사이에 분쟁이 발생한 경우
3. 그 밖에 시·도조례로 정하는 경우

② 제1항에 따라 출입·검사 등을 하는 공무원은 권한을 표시하는 증표를 지니고 관계인에게 내보여야 한다.

③ 국토교통부장관 또는 시·도지사가 정비사업전문관리업자에게 제1항에 따른 업무에 관한 사항의 보고, 자료의 제출을 하게 하거나, 소속 공무원에게 조사 또는 검사하게 하려는 경우에는 「행정조사기본법」 제17조에 따라 사전통지를 하여야 한다. 〈신설 2019. 8. 20.〉

④ 제1항에 따라 업무에 관한 사항의 보고 또는 자료의 제출 명령을 받은 정비사업전문관리업자는 그 명령을 받은 날부터 15일 이내에 이를 보고 또는 제출(전자문서를

이용한 보고 또는 제출을 포함한다)하여야 한다. 〈신설 2019. 8. 20.〉

⑤ 국토교통부장관 또는 시ㆍ도지사는 제1항에 따른 업무에 관한 사항의 보고, 자료의 제출, 조사 또는 검사 등이 완료된 날부터 30일 이내에 그 결과를 통지하여야 한다. 〈신설 2019. 8. 20.〉

제108조(정비사업전문관리업 정보의 종합관리)

① 국토교통부장관은 정비사업전문관리업자의 자본금ㆍ사업실적ㆍ경영실태 등에 관한 정보를 종합적이고 체계적으로 관리하고 추진위원회 또는 사업시행자 등에게 제공하기 위하여 정비사업전문관리업 정보종합체계를 구축ㆍ운영할 수 있다.

② 제1항에 따른 정비사업전문관리업 정보종합체계의 구축ㆍ운영에 필요한 사항은 국토교통부령으로 정한다.

제109조(협회의 설립 등)

① 정비사업전문관리업자는 정비사업전문관리업의 전문화와 정비사업의 건전한 발전을 도모하기 위하여 정비사업전문관리업자단체(이하 "협회"라 한다)를 설립할 수 있다.

② 협회는 법인으로 한다.

③ 협회는 주된 사무소의 소재지에서 설립등기를 하는 때에 성립한다.

④ 협회를 설립하려는 때에는 회원의 자격이 있는 50명 이상을 발기인으로 하여 정관을 작성한 후 창립총회의 의결을 거쳐 국토교통부장관의 인가를 받아야 한다. 협회가 정관을 변경하려는 때에도 또한 같다.

⑤ 이 법에 따라 시ㆍ도지사로부터 업무정지처분을 받은 회원의 권리ㆍ의무는 영업정지기간 중 정지되며, 정비사업전문관리업의 등록이 취소된 때에는 회원의 자격을 상실한다.

⑥ 협회의 정관, 설립인가의 취소, 그 밖에 필요한 사항은 대통령령으로 정한다.

⑦ 협회에 관하여 이 법에 규정된 사항을 제외하고는 「민법」 중 사단법인에 관한 규

정을 준용한다.

제110조(협회의 업무 및 감독)

① 협회의 업무는 다음 각 호와 같다.

1. 정비사업전문관리업 및 정비사업의 건전한 발전을 위한 조사 · 연구
2. 회원의 상호 협력증진을 위한 업무
3. 정비사업전문관리 기술 인력과 정비사업전문관리업 종사자의 자질향상을 위한 교육 및 연수
4. 그 밖에 대통령령으로 정하는 업무

② 국토교통부장관은 협회의 업무 수행 현황 또는 이 법의 위반 여부를 확인할 필요가 있는 때에는 협회에게 업무에 관한 사항을 보고하게 하거나 자료의 제출, 그 밖에 필요한 명령을 할 수 있으며, 소속 공무원에게 그 사무소 등에 출입하여 장부 · 서류 등을 조사 또는 검사하게 할 수 있다. 〈개정 2019. 8. 20.〉

③ 제2항에 따른 업무에 관한 사항의 보고, 자료의 제출, 조사 또는 검사에 관하여는 제107조제2항부터 제5항까지의 규정을 준용한다. 〈신설 2019. 8. 20.〉

제6장 감독 등

제111조(자료의 제출 등)

① 시 · 도지사는 국토교통부령으로 정하는 방법 및 절차에 따라 정비사업의 추진실적을 분기별로 국토교통부장관에게, 시장, 군수 또는 구청장은 시 · 도조례로 정하는 바에 따라 정비사업의 추진실적을 특별시장 · 광역시장 또는 도지사에게 보고하여야 한다.

② 국토교통부장관, 시 · 도지사, 시장, 군수 또는 구청장은 정비사업의 원활한 시행을 위하여 감독상 필요한 경우로서 다음 각 호의 어느 하나에 해당하는 때에는 추진위원회 · 사업시행자 · 정비사업전문관리업자 · 설계자 및 시공자 등 이 법에 따른 업무를 하는 자에게 그 업무에 관한 사항을 보고하게 하거나 자료의 제출, 그 밖의 필요한 명령을 할 수 있으며, 소속 공무원에게 영업소 등에 출입하여 장부 · 서류 등을 조사 또는 검사하게 할 수 있다. 〈개정 2019. 8. 20.〉

1. 이 법의 위반 여부를 확인할 필요가 있는 경우
2. 토지등소유자, 조합원, 그 밖에 정비사업과 관련한 이해관계인 사이에 분쟁이 발생된 경우
3. 그 밖에 시 · 도조례로 정하는 경우

③ 제2항에 따른 업무에 관한 사항의 보고, 자료의 제출, 조사 또는 검사에 관하여는 제107조제2항부터 제5항까지의 규정을 준용한다. 〈개정 2019. 8. 20.〉

제112조(회계감사)

① 시장 · 군수등 또는 토지주택공사등이 아닌 사업시행자 또는 추진위원회는 다음 각 호의 어느 하나에 해당하는 경우에는 다음 각 호의 구분에 따른 기간 이내에 「주식회사 등의 외부감사에 관한 법률」 제2조제7호 및 제9조에 따른 감사인의 회계감사를 받기 위하여 시장 · 군수등에게 회계감사기관의 선정 · 계약을 요청하여야 하며, 그 감사결과를 회계감사가 종료된 날부터 15일 이내에 시장 · 군수등 및 해당 조합에 보고하고 조합원이 공람할 수 있도록 하여야 한다. 다만, 지정개발자가 사업시행자인 경우에는 제1호에 해당하는 경우는 제외한다. 〈개정 2017. 10. 31., 2021. 1. 5.〉

1. 제34조제4항에 따라 추진위원회에서 사업시행자로 인계되기 전까지 납부 또는 지출된 금액과 계약 등으로 지출될 것이 확정된 금액의 합이 대통령령으로 정한 금액 이상인 경우: 추진위원회에서 사업시행자로 인계되기 전 7일 이내
2. 제50조제7항에 따른 사업시행계획인가 고시일 전까지 납부 또는 지출된 금액이

대통령령으로 정하는 금액 이상인 경우: 사업시행계획인가의 고시일부터 20일 이내

3. 제83조제1항에 따른 준공인가 신청일까지 납부 또는 지출된 금액이 대통령령으로 정하는 금액 이상인 경우: 준공인가의 신청일부터 7일 이내

4. 토지등소유자 또는 조합원 5분의 1 이상이 사업시행자에게 회계감사를 요청하는 경우: 제4항에 따른 절차를 고려한 상당한 기간 이내

② 시장 · 군수등은 제1항에 따른 요청이 있는 경우 즉시 회계감사기관을 선정하여 회계감사가 이루어지도록 하여야 한다. 〈개정 2021. 1. 5.〉

③ 제2항에 따라 회계감사기관을 선정 · 계약한 경우 시장 · 군수등은 공정한 회계감사를 위하여 선정된 회계감사기관을 감독하여야 하며, 필요한 처분이나 조치를 명할 수 있다.

④ 사업시행자 또는 추진위원회는 제1항에 따라 회계감사기관의 선정 · 계약을 요청하려는 경우 시장 · 군수등에게 회계감사에 필요한 비용을 미리 예치하여야 한다. 시장 · 군수등은 회계감사가 끝난 경우 예치된 금액에서 회계감사비용을 직접 지불한 후 나머지 비용은 사업시행자와 정산하여야 한다. 〈개정 2021. 1. 5.〉
[시행일 : 2021. 7. 6.] 제112조

제113조(감독)

① 정비사업의 시행이 이 법 또는 이 법에 따른 명령 · 처분이나 사업시행계획서 또는 관리처분계획에 위반되었다고 인정되는 때에는 정비사업의 적정한 시행을 위하여 필요한 범위에서 국토교통부장관은 시 · 도지사, 시장, 군수, 구청장, 추진위원회, 주민대표회의, 사업시행자 또는 정비사업전문관리업자에게, 특별시장, 광역시장 또는 도지사는 시장, 군수, 구청장, 추진위원회, 주민대표회의, 사업시행자 또는 정비사업전문관리업자에게, 시장 · 군수는 추진위원회, 주민대표회의, 사업시행자 또는 정비사업전문관리업자에게 처분의 취소 · 변경 또는 정지, 공사의 중지 · 변경, 임원의 개선 권고, 그 밖의 필요한 조치를 취할 수 있다.

② 국토교통부장관, 시 · 도지사, 시장, 군수 또는 구청장은 이 법에 따른 정비사업의 원활한 시행을 위하여 관계 공무원 및 전문가로 구성된 점검반을 구성하여 정비사업 현장조사를 통하여 분쟁의 조정, 위법사항의 시정요구 등 필요한 조치를 할 수 있다.

이 경우 관할 지방자치단체의 장과 조합 등은 대통령령으로 정하는 자료의 제공 등 점검반의 활동에 적극 협조하여야 한다.

③ 제2항에 따른 정비사업 현장조사에 관하여는 제107조제2항, 제3항 및 제5항을 준용한다. 〈개정 2019. 8. 20.〉

제113조의2(시공자 선정 취소 명령 또는 과징금)

① 시·도지사(해당 정비사업을 관할하는 시·도지사를 말한다. 이하 이 조 및 제113조의3에서 같다)는 건설업자가 다음 각 호의 어느 하나에 해당하는 경우 사업시행자에게 건설업자의 해당 정비사업에 대한 시공자 선정을 취소할 것을 명하거나 그 건설업자에게 사업시행자와 시공자 사이의 계약서상 공사비의 100분의 20 이하에 해당하는 금액의 범위에서 과징금을 부과할 수 있다. 이 경우 시공자 선정 취소의 명을 받은 사업시행자는 시공자 선정을 취소하여야 한다.

1. 건설업자가 제132조를 위반한 경우
2. 건설업자가 제132조의2를 위반하여 관리·감독 등 필요한 조치를 하지 아니한 경우로서 용역업체의 임직원(건설업자가 고용한 개인을 포함한다. 이하 같다)이 제132조를 위반한 경우

② 제1항에 따라 과징금을 부과하는 위반행위의 종류와 위반 정도 등에 따른 과징금의 금액 등에 필요한 사항은 대통령령으로 정한다.

③ 시·도지사는 제1항에 따라 과징금의 부과처분을 받은 자가 납부기한까지 과징금을 내지 아니하면 「지방세외수입금의 징수 등에 관한 법률」에 따라 징수한다.

[본조신설 2018. 6. 12.]

제113조의3(건설업자의 입찰참가 제한)

① 시·도지사는 제113조의2제1항 각 호의 어느 하나에 해당하는 건설업자에 대해서는 2년 이내의 범위에서 대통령령으로 정하는 기간 동안 정비사업의 입찰참가를 제한할 수 있다.

② 시·도지사는 제1항에 따라 건설업자에 대한 정비사업의 입찰참가를 제한하려는 경우에는 대통령령으로 정하는 바에 따라 대상, 기간, 사유, 그 밖의 입찰참가 제한과 관련된 내용을 공개하고, 관할 구역의 시장, 군수 또는 구청장 및 사업시행자에게 통

보하여야 한다. 이 경우 통보를 받은 사업시행자는 해당 건설업자의 입찰 참가자격을 제한하여야 한다.

③ 사업시행자는 제2항에 따라 입찰참가를 제한받은 건설업자와 계약(수의계약을 포함한다)을 체결해서는 아니 된다.

[본조신설 2018. 6. 12.]

제114조(정비사업 지원기구)

국토교통부장관은 다음 각 호의 업무를 수행하기 위하여 정비사업 지원기구를 설치할 수 있다. 이 경우 국토교통부장관은 「한국감정원법」에 따라 설립된 한국감정원 또는 「한국토지주택공사법」에 따라 설립된 한국토지주택공사에게 정비사업 지원기구의 업무를 대행하게 할 수 있다. 〈개정 2018. 1. 16., 2019. 4. 23.〉

1. 정비사업 상담지원업무
2. 정비사업전문관리제도의 지원
3. 전문조합관리인의 교육 및 운영지원
4. 소규모 영세사업장 등의 사업시행계획 및 관리처분계획 수립지원
5. 정비사업을 통한 공공지원민간임대주택 공급 업무 지원
6. 제29조의2에 따른 공사비 검증 업무
7. 그 밖에 국토교통부장관이 정하는 업무

제115조(교육의 실시)

국토교통부장관, 시 · 도지사, 시장, 군수 또는 구청장은 추진위원장 및 감사, 조합임원, 전문조합관리인, 정비사업전문관리업자의 대표자 및 기술인력, 토지등소유자 등에 대하여 대통령령으로 정하는 바에 따라 교육을 실시할 수 있다.

제116조(도시분쟁조정위원회의 구성 등)

① 정비사업의 시행으로 발생한 분쟁을 조정하기 위하여 정비구역이 지정된 특별자치시, 특별자치도, 또는 시 · 군 · 구(자치구를 말한다. 이하 이 조에서 같다)에 도시분쟁조정위원회(이하 "조정위원회"라 한다)를 둔다. 다만, 시장 · 군수등을 당사자로 하여 발생한 정비사업의 시행과 관련된 분쟁 등의 조정을 위하여 필요한 경우에는 시 · 도에 조정위원회를 둘 수 있다.

② 조정위원회는 부시장 · 부지사 · 부구청장 또는 부군수를 위원장으로 한 10명 이내

의 위원으로 구성한다.

③ 조정위원회 위원은 정비사업에 대한 학식과 경험이 풍부한 사람으로서 다음 각 호의 어느 하나에 해당하는 사람 중에서 시장 · 군수등이 임명 또는 위촉한다. 이 경우 제1호, 제3호 및 제4호에 해당하는 사람이 각 2명 이상 포함되어야 한다.

1. 해당 특별자치시, 특별자치도 또는 시 · 군 · 구에서 정비사업 관련 업무에 종사하는 5급 이상 공무원
2. 대학이나 연구기관에서 부교수 이상 또는 이에 상당하는 직에 재직하고 있는 사람
3. 판사, 검사 또는 변호사의 직에 5년 이상 재직한 사람
4. 건축사, 감정평가사, 공인회계사로서 5년 이상 종사한 사람
5. 그 밖에 정비사업에 전문적 지식을 갖춘 사람으로서 시 · 도조례로 정하는 자

④ 조정위원회에는 위원 3명으로 구성된 분과위원회(이하 "분과위원회"라 한다)를 두며, 분과위원회에는 제3항제1호 및 제3호에 해당하는 사람이 각 1명 이상 포함되어야 한다.

제117조(조정위원회의 조정 등)

① 조정위원회는 정비사업의 시행과 관련하여 다음 각 호의 어느 하나에 해당하는 분쟁 사항을 심사 · 조정한다. 다만, 「주택법」, 「공익사업을 위한 토지 등의 취득 및 보상에 관한 법률」, 그 밖의 관계 법률에 따라 설치된 위원회의 심사대상에 포함되는 사항은 제외할 수 있다.

1. 매도청구권 행사 시 감정가액에 대한 분쟁
2. 공동주택 평형 배정방법에 대한 분쟁
3. 그 밖에 대통령령으로 정하는 분쟁

② 시장 · 군수등은 다음 각 호의 어느 하나에 해당하는 경우 조정위원회를 개최할 수 있으며, 조정위원회는 조정신청을 받은 날(제2호의 경우 조정위원회를 처음 개최한 날을 말한다)부터 60일 이내에 조정절차를 마쳐야 한다. 다만, 조정기간 내에 조정절차를 마칠 수 없는 정당한 사유가 있다고 판단되는 경우에는 조정위원회의 의결로 그 기간을 한 차례만 연장할 수 있으며 그 기간은 30일 이내로 한다. 〈개정 2017. 8. 9.〉

1. 분쟁당사자가 정비사업의 시행으로 인하여 발생한 분쟁의 조정을 신청하는 경우
2. 시장 · 군수등이 조정위원회의 조정이 필요하다고 인정하는 경우

③ 조정위원회의 위원장은 조정위원회의 심사에 앞서 분과위원회에서 사전 심사를 담당하게 할 수 있다. 다만, 분과위원회의 위원 전원이 일치된 의견으로 조정위원회의 심사가 필요없다고 인정하는 경우에는 조정위원회에 회부하지 아니하고 분과위원회의 심사로 조정절차를 마칠 수 있다.

④ 조정위원회 또는 분과위원회는 제2항 또는 제3항에 따른 조정절차를 마친 경우 조정안을 작성하여 지체 없이 각 당사자에게 제시하여야 한다. 이 경우 조정안을 제시받은 각 당사자는 제시받은 날부터 15일 이내에 수락 여부를 조정위원회 또는 분과위원회에 통보하여야 한다.

⑤ 당사자가 조정안을 수락한 경우 조정위원회는 즉시 조정서를 작성한 후, 위원장 및 각 당사자는 조정서에 서명·날인하여야 한다.

⑥ 제5항에 따라 당사자가 강제집행을 승낙하는 취지의 내용이 기재된 조정서에 서명·날인한 경우 조정서의 정본은 「민사집행법」 제56조에도 불구하고 집행력 있는 집행권원과 같은 효력을 가진다. 다만, 청구에 관한 이의의 주장에 대하여는 「민사집행법」 제44조제2항을 적용하지 아니한다.

⑦ 그 밖에 조정위원회의 구성·운영 및 비용의 부담, 조정기간 연장 등에 필요한 사항은 시·도조례로 정한다. 〈개정 2017. 8. 9.〉

제118조(정비사업의 공공지원)

① 시장·군수등은 정비사업의 투명성 강화 및 효율성 제고를 위하여 시·도조례로 정하는 정비사업에 대하여 사업시행 과정을 지원(이하 "공공지원"이라 한다)하거나 토지주택공사등, 신탁업자, 「주택도시기금법」에 따른 주택도시보증공사 또는 이 법 제102조제1항 각 호 외의 부분 단서에 따라 대통령령으로 정하는 기관에 공공지원을 위탁할 수 있다.

② 제1항에 따라 정비사업을 공공지원하는 시장·군수등 및 공공지원을 위탁받은 자(이하 "위탁지원자"라 한다)는 다음 각 호의 업무를 수행한다.

1. 추진위원회 또는 주민대표회의 구성
2. 정비사업전문관리업자의 선정(위탁지원자는 선정을 위한 지원으로 한정한다)

3. 설계자 및 시공자 선정 방법 등
4. 제52조제1항제4호에 따른 세입자의 주거 및 이주 대책(이주 거부에 따른 협의 대책을 포함한다) 수립
5. 관리처분계획 수립
6. 그 밖에 시ㆍ도조례로 정하는 사항

③ 시장ㆍ군수등은 위탁지원자의 공정한 업무수행을 위하여 관련 자료의 제출 및 조사, 현장점검 등 필요한 조치를 할 수 있다. 이 경우 위탁지원자의 행위에 대한 대외적인 책임은 시장ㆍ군수등에게 있다.

④ 공공지원에 필요한 비용은 시장ㆍ군수등이 부담하되, 특별시장, 광역시장 또는 도지사는 관할 구역의 시장, 군수 또는 구청장에게 특별시ㆍ광역시 또는 도의 조례로 정하는 바에 따라 그 비용의 일부를 지원할 수 있다.

⑤ 추진위원회가 제2항제2호에 따라 시장ㆍ군수등이 선정한 정비사업전문관리업자를 선정하는 경우에는 제32조제2항을 적용하지 아니한다.

⑥ 공공지원의 시행을 위한 방법과 절차, 기준 및 제126조에 따른 도시ㆍ주거환경정비기금의 지원, 시공자 선정 시기 등에 필요한 사항은 시ㆍ도조례로 정한다.

⑦ 제6항에도 불구하고 다음 각 호의 어느 하나에 해당하는 경우에는 토지등소유자(제35조에 따라 조합을 설립한 경우에는 조합원을 말한다)의 과반수 동의를 받아 제29조제4항에 따라 시공자를 선정할 수 있다. 다만, 제1호의 경우에는 해당 건설업자를 시공자로 본다. 〈개정 2017. 8. 9.〉
1. 조합이 제25조에 따라 건설업자와 공동으로 정비사업을 시행하는 경우로서 조합과 건설업자 사이에 협약을 체결하는 경우
2. 제28조제1항 및 제2항에 따라 사업대행자가 정비사업을 시행하는 경우

⑧ 제7항제1호의 협약사항에 관한 구체적인 내용은 시ㆍ도조례로 정할 수 있다

제119조(정비사업관리시스템의 구축)

① 시ㆍ도지사는 정비사업의 효율적이고 투명한 관리를 위하여 정비사업관리시스템을

구축하여 운영할 수 있다.

② 제1항에 따른 정비사업관리시스템의 운영방법 등에 필요한 사항은 시·도조례로 정한다.

제120조(정비사업의 정보공개)

시장·군수등은 정비사업의 투명성 강화를 위하여 조합이 시행하는 정비사업에 관한 다음 각 호의 사항을 매년 1회 이상 인터넷과 그 밖의 방법을 병행하여 공개하여야 한다. 이 경우 공개의 방법 및 시기 등 필요한 사항은 시·도조례로 정한다. 〈개정 2017. 8. 9.〉

1. 제74조제1항에 따라 관리처분계획의 인가(변경인가를 포함한다. 이하 이 조에서 같다)를 받은 사항 중 제29조에 따른 계약금액
2. 제74조제1항에 따라 관리처분계획의 인가를 받은 사항 중 정비사업에서 발생한 이자
3. 그 밖에 시·도조례로 정하는 사항

제121조(청문)

국토교통부장관, 시·도지사, 시장, 군수 또는 구청장은 다음 각 호의 어느 하나에 해당하는 처분을 하려는 경우에는 청문을 하여야 한다. 〈개정 2018. 6. 12.〉

1. 제106조제1항에 따른 정비사업전문관리업의 등록취소
2. 제113조제1항부터 제3항까지의 규정에 따른 추진위원회 승인의 취소, 조합설립인가의 취소, 사업시행계획인가의 취소 또는 관리처분계획인가의 취소
3. 제113조의2제1항에 따른 시공자 선정 취소 또는 과징금 부과
4. 제113조의3제1항에 따른 입찰참가 제한

제7장 보칙

제122조(토지등소유자의 설명의무)

① 토지등소유자는 자신이 소유하는 정비구역 내 토지 또는 건축물에 대하여 매매·전세·임대차 또는 지상권 설정 등 부동산 거래를 위한 계약을 체결하는 경우 다음 각 호의 사항을 거래 상대방에게 설명·고지하고, 거래 계약서에 기재 후 서명·날인하여야 한다.

1. 해당 정비사업의 추진단계
2. 퇴거예정시기(건축물의 경우 철거예정시기를 포함한다)
3. 제19조에 따른 행위제한
4. 제39조에 따른 조합원의 자격
5. 제70조제5항에 따른 계약기간
6. 제77조에 따른 주택 등 건축물을 분양받을 권리의 산정 기준일
7. 그 밖에 거래 상대방의 권리·의무에 중대한 영향을 미치는 사항으로서 대통령령으로 정하는 사항

② 제1항 각 호의 사항은 「공인중개사법」 제25조제1항제2호의 "법령의 규정에 의한 거래 또는 이용제한사항"으로 본다.

제123조(재개발사업 등의 시행방식의 전환)

① 시장·군수등은 제28조제1항에 따라 사업대행자를 지정하거나 토지등소유자의 5분의 4 이상의 요구가 있어 제23조제2항에 따른 재개발사업의 시행방식의 전환이 필요하다고 인정하는 경우에는 정비사업이 완료되기 전이라도 대통령령으로 정하는 범위에서 정비구역의 전부 또는 일부에 대하여 시행방식의 전환을 승인할 수 있다.

② 사업시행자는 제1항에 따라 시행방식을 전환하기 위하여 관리처분계획을 변경하려는 경우 토지면적의 3분의 2 이상의 토지소유자의 동의와 토지등소유자의 5분의 4 이상의 동의를 받아야 하며, 변경절차에 관하여는 제74조제1항의 관리처분계획 변경에 관한 규정을 준용한다.

③ 사업시행자는 제1항에 따라 정비구역의 일부에 대하여 시행방식을 전환하려는 경우에 재개발사업이 완료된 부분은 제83조에 따라 준공인가를 거쳐 해당 지방자치단체의 공보에 공사완료의 고시를 하여야 하며, 전환하려는 부분은 이 법에서 정하고 있

는 절차에 따라 시행방식을 전환하여야 한다.

④ 제3항에 따라 공사완료의 고시를 한 때에는 「공간정보의 구축 및 관리 등에 관한 법률」 제86조제3항에도 불구하고 관리처분계획의 내용에 따라 제86조에 따른 이전이 된 것으로 본다.

⑤ 사업시행자는 정비계획이 수립된 주거환경개선사업을 제23조제1항제4호의 시행방법으로 변경하려는 경우에는 토지등소유자의 3분의 2 이상의 동의를 받아야 한다.

제124조(관련 자료의 공개 등)

① 추진위원장 또는 사업시행자(조합의 경우 청산인을 포함한 조합임원, 토지등소유자가 단독으로 시행하는 재개발사업의 경우에는 그 대표자를 말한다)는 정비사업의 시행에 관한 다음 각 호의 서류 및 관련 자료가 작성되거나 변경된 후 15일 이내에 이를 조합원, 토지등소유자 또는 세입자가 알 수 있도록 인터넷과 그 밖의 방법을 병행하여 공개하여야 한다.

1. 제34조제1항에 따른 추진위원회 운영규정 및 정관등
2. 설계자 · 시공자 · 철거업자 및 정비사업전문관리업자 등 용역업체의 선정계약서
3. 추진위원회 · 주민총회 · 조합총회 및 조합의 이사회 · 대의원회의 의사록
4. 사업시행계획서
5. 관리처분계획서
6. 해당 정비사업의 시행에 관한 공문서
7. 회계감사보고서
8. 월별 자금의 입금 · 출금 세부내역
9. 결산보고서
10. 청산인의 업무 처리 현황
11. 그 밖에 정비사업 시행에 관하여 대통령령으로 정하는 서류 및 관련 자료

② 제1항에 따라 공개의 대상이 되는 서류 및 관련 자료의 경우 분기별로 공개대상의 목록, 개략적인 내용, 공개장소, 열람 · 복사 방법 등을 대통령령으로 정하는 방법과 절차에 따라 조합원 또는 토지등소유자에게 서면으로 통지하여야 한다.

③ 추진위원장 또는 사업시행자는 제1항 및 제4항에 따라 공개 및 열람 · 복사 등을

하는 경우에는 주민등록번호를 제외하고 국토교통부령으로 정하는 방법 및 절차에 따라 공개하여야 한다.

④ 조합원, 토지등소유자가 제1항에 따른 서류 및 다음 각 호를 포함하여 정비사업 시행에 관한 서류와 관련 자료에 대하여 열람 · 복사 요청을 한 경우 추진위원장이나 사업시행자는 15일 이내에 그 요청에 따라야 한다.

1. 토지등소유자 명부
2. 조합원 명부
3. 그 밖에 대통령령으로 정하는 서류 및 관련 자료

⑤ 제4항의 복사에 필요한 비용은 실비의 범위에서 청구인이 부담한다. 이 경우 비용납부의 방법, 시기 및 금액 등에 필요한 사항은 시 · 도조례로 정한다.

⑥ 제4항에 따라 열람 · 복사를 요청한 사람은 제공받은 서류와 자료를 사용목적 외의 용도로 이용 · 활용하여서는 아니 된다.

제125조(관련 자료의 보관 및 인계)

① 추진위원장 · 정비사업전문관리업자 또는 사업시행자(조합의 경우 청산인을 포함한 조합임원, 토지등소유자가 단독으로 시행하는 재개발사업의 경우에는 그 대표자를 말한다)는 제124조제1항에 따른 서류 및 관련 자료와 총회 또는 중요한 회의(조합원 또는 토지등소유자의 비용부담을 수반하거나 권리 · 의무의 변동을 발생시키는 경우로서 대통령령으로 정하는 회의를 말한다)가 있은 때에는 속기록 · 녹음 또는 영상자료를 만들어 청산 시까지 보관하여야 한다.

② 시장 · 군수등 또는 토지주택공사등이 아닌 사업시행자는 정비사업을 완료하거나 폐지한 때에는 시 · 도조례로 정하는 바에 따라 관계 서류를 시장 · 군수등에게 인계하여야 한다.

③ 시장 · 군수등 또는 토지주택공사등인 사업시행자와 제2항에 따라 관계 서류를 인계받은 시장 · 군수등은 해당 정비사업의 관계 서류를 5년간 보관하여야 한다.

제126조(도시 · 주거환경정비기금의 설치 등)

① 제4조 및 제7조에 따라 기본계획을 수립하거나 승인하는 특별시장 · 광역시장 · 특

별자치시장 · 도지사 · 특별자치도지사 또는 시장은 정비사업의 원활한 수행을 위하여 도시 · 주거환경정비기금(이하 "정비기금"이라 한다)을 설치하여야 한다. 다만, 기본계획을 수립하지 아니하는 시장 및 군수도 필요한 경우에는 정비기금을 설치할 수 있다.

② 정비기금은 다음 각 호의 어느 하나에 해당하는 금액을 재원으로 조성한다. 〈개정 2018. 6. 12.〉

1. 제17조제4항에 따라 사업시행자가 현금으로 납부한 금액
2. 제55조제1항에 따라 시 · 도지사, 시장, 군수 또는 구청장에게 공급된 소형주택의 임대보증금 및 임대료
3. 제94조에 따른 부담금 및 정비사업으로 발생한 「개발이익 환수에 관한 법률」에 따른 개발부담금 중 지방자치단체 귀속분의 일부
4. 제98조에 따른 정비구역(재건축구역은 제외한다) 안의 국 · 공유지 매각대금 중 대통령령으로 정하는 일정 비율 이상의 금액

4의2. 제113조의2에 따른 과징금

5. 「재건축초과이익 환수에 관한 법률」에 따른 재건축부담금 중 같은 법 제4조제3항 및 제4항에 따른 지방자치단체 귀속분
6. 「지방세법」 제69조에 따라 부과 · 징수되는 지방소비세 또는 같은 법 제112조(같은 조 제1항제1호는 제외한다)에 따라 부과 · 징수되는 재산세 중 대통령령으로 정하는 일정 비율 이상의 금액
7. 그 밖에 시 · 도조례로 정하는 재원

③ 정비기금은 다음 각 호의 어느 하나의 용도 이외의 목적으로 사용하여서는 아니 된다. 〈개정 2017. 8. 9.〉

1. 이 법에 따른 정비사업으로서 다음 각 목의 어느 하나에 해당하는 사항
   가. 기본계획의 수립
   나. 안전진단 및 정비계획의 수립
   다. 추진위원회의 운영자금 대여
   라. 그 밖에 이 법과 시 · 도조례로 정하는 사항
2. 임대주택의 건설 · 관리
3. 임차인의 주거안정 지원
4. 「재건축초과이익 환수에 관한 법률」에 따른 재건축부담금의 부과 · 징수
5. 주택개량의 지원
6. 정비구역등이 해제된 지역에서의 정비기반시설의 설치 지원

7. 「빈집 및 소규모주택 정비에 관한 특례법」 제44조에 따른 빈집정비사업 및 소규모주택정비사업에 대한 지원

8. 「주택법」 제68조에 따른 증축형 리모델링의 안전진단 지원

9. 제142조에 따른 신고포상금의 지급

④ 정비기금의 관리 · 운용과 개발부담금의 지방자치단체의 귀속분 중 정비기금으로 적립되는 비율 등에 필요한 사항은 시 · 도조례로 정한다.

제127조(노후 · 불량주거지 개선계획의 수립)

국토교통부장관은 주택 또는 기반시설이 열악한 주거지의 주거환경개선을 위하여 5년마다 개선대상지역을 조사하고 연차별 재정지원계획 등을 포함한 노후 · 불량주거지 개선계획을 수립하여야 한다.

제128조(권한의 위임 등)

① 국토교통부장관은 이 법에 따른 권한의 일부를 대통령령으로 정하는 바에 따라 시 · 도지사, 시장, 군수 또는 구청장에게 위임할 수 있다.

② 국토교통부장관, 시 · 도지사, 시장, 군수 또는 구청장은 이 법의 효율적인 집행을 위하여 필요한 경우에는 대통령령으로 정하는 바에 따라 다음 각 호의 어느 하나에 해당하는 사무를 정비사업지원기구, 협회 등 대통령령으로 정하는 기관 또는 단체에 위탁할 수 있다.

1. 제108조에 따른 정비사업전문관리업 정보종합체계의 구축 · 운영
2. 제115조에 따른 교육의 실시
3. 그 밖에 대통령령으로 정하는 사무

제129조(사업시행자 등의 권리 · 의무의 승계)

사업시행자와 정비사업과 관련하여 권리를 갖는 자(이하 "권리자"라 한다)의 변동이 있은 때에는 종전의 사업시행자와 권리자의 권리 · 의무는 새로 사업시행자와 권리자로 된 자가 승계한다.

제130조(정비구역의 범죄 예방)

① 시장 · 군수등은 제50조제1항에 따른 사업시행계획인가를 한 경우 그 사실을 관할 경찰서장에게 통보하여야 한다.

② 시장 · 군수등은 사업시행계획인가를 한 경우 정비구역 내 주민 안전 등을 위하여 다음 각 호의 사항을 관할 지방경찰청장 또는 경찰서장에게 요청할 수 있다.

1. 순찰 강화
2. 순찰초소의 설치 등 범죄 예방을 위하여 필요한 시설의 설치 및 관리
3. 그 밖에 주민의 안전을 위하여 필요하다고 인정하는 사항

제131조(재건축사업의 안전진단 재실시)

시장 · 군수등은 제16조제2항 전단에 따라 정비구역이 지정 · 고시된 날부터 10년이 되는 날까지 제50조에 따른 사업시행계획인가를 받지 아니하고 다음 각 호의 어느 하나에 해당하는 경우에는 안전진단을 다시 실시하여야 한다. 〈개정 2018. 6. 12.〉

1. 「재난 및 안전관리 기본법」 제27조제1항에 따라 재난이 발생할 위험이 높거나 재난예방을 위하여 계속적으로 관리할 필요가 있다고 인정하여 특정관리대상지역으로 지정하는 경우
2. 「시설물의 안전 및 유지관리에 관한 특별법」 제12조제2항에 따라 재해 및 재난 예방과 시설물의 안전성 확보 등을 위하여 정밀안전진단을 실시하는 경우
3. 「공동주택관리법」 제37조제3항에 따라 공동주택의 구조안전에 중대한 하자가 있다고 인정하여 안전진단을 실시하는 경우

제132조(조합임원 등의 선임 · 선정 시 행위제한)

누구든지 추진위원, 조합임원의 선임 또는 제29조에 따른 계약 체결과 관련하여 다음 각 호의 행위를 하여서는 아니 된다. 〈개정 2017. 8. 9.〉

1. 금품, 향응 또는 그 밖의 재산상 이익을 제공하거나 제공의사를 표시하거나 제공을 약속하는 행위
2. 금품, 향응 또는 그 밖의 재산상 이익을 제공받거나 제공의사 표시를 승낙하는 행위
3. 제3자를 통하여 제1호 또는 제2호에 해당하는 행위를 하는 행위

제132조의2(건설업자의 관리 · 감독 의무)

건설업자는 시공자 선정과 관련하여 홍보 등을 위하여 계약한 용역업체의 임직원이 제132조를 위반하지 아니하도록 교육, 용역비 집행 점검, 용역업체 관리 · 감독 등 필요한 조치를 하여야 한다.

[본조신설 2018. 6. 12.]

제133조(조합설립인가 등의 취소에 따른 채권의 손해액 산입)

시공자 · 설계자 또는 정비사업전문관리업자 등(이하 이 조에서 "시공자등"이라 한다)은 해당 추진위원회 또는 조합(연대보증인을 포함하며, 이하 이 조에서 "조합등"이라 한다)에 대한 채권(조합등이 시공자등과 합의하여 이미 상환하였거나 상환할 예정인 채권은 제외한다. 이하 이 조에서 같다)의 전부 또는 일부를 포기하고 이를 「조세특례제한법」 제104조의26에 따라 손금에 산입하려면 해당 조합등과 합의하여 다음 각 호의 사항을 포함한 채권확인서를 시장 · 군수등에게 제출하여야 한다.

1. 채권의 금액 및 그 증빙 자료
2. 채권의 포기에 관한 합의서 및 이후의 처리 계획
3. 그 밖에 채권의 포기 등에 관하여 시 · 도조례로 정하는 사항

제134조(벌칙 적용에서 공무원 의제)

추진위원장 · 조합임원 · 청산인 · 전문조합관리인 및 정비사업전문관리업자의 대표자(법인인 경우에는 임원을 말한다) · 직원 및 위탁지원자는 「형법」 제129조부터 제132조까지의 규정을 적용할 때에는 공무원으로 본다.

제8장 벌칙

제135조(벌칙)

다음 각 호의 어느 하나에 해당하는 자는 5년 이하의 징역 또는 5천만원 이하의 벌금에 처한다.

1. 제36조에 따른 토지등소유자의 서면동의서를 위조한 자
2. 제132조 각 호의 어느 하나를 위반하여 금품, 향응 또는 그 밖의 재산상 이익을 제공하거나 제공의사를 표시하거나 제공을 약속하는 행위를 하거나 제공을 받거나 제공의사 표시를 승낙한 자

제136조(벌칙)

다음 각 호의 어느 하나에 해당하는 자는 3년 이하의 징역 또는 3천만원 이하의 벌금에 처한다. 〈개정 2017. 8. 9., 2019. 4. 23.〉

1. 제29조제1항에 따른 계약의 방법을 위반하여 계약을 체결한 추진위원장, 전문조합관리인 또는 조합임원(조합의 청산인 및 토지등소유자가 시행하는 재개발사업의 경우에는 그 대표자, 지정개발자가 사업시행자인 경우 그 대표자를 말한다)
2. 제29조제4항부터 제8항까지의 규정을 위반하여 시공자를 선정한 자 및 시공자로 선정된 자

2의2. 제29조제9항을 위반하여 시공자와 공사에 관한 계약을 체결한 자

3. 제31조제1항에 따른 시장·군수등의 추진위원회 승인을 받지 아니하고 정비사업전문관리업자를 선정한 자
4. 제32조제2항에 따른 계약의 방법을 위반하여 정비사업전문관리업자를 선정한 추진위원장(전문조합관리인을 포함한다)
5. 제36조에 따른 토지등소유자의 서면동의서를 매도하거나 매수한 자
6. 거짓 또는 부정한 방법으로 제39조제2항을 위반하여 조합원 자격을 취득한 자와 조합원 자격을 취득하게 하여준 토지등소유자 및 조합의 임직원(전문조합관리인을 포함한다)
7. 제39조제2항을 회피하여 제72조에 따른 분양주택을 이전 또는 공급받을 목적으로 건축물 또는 토지의 양도·양수 사실을 은폐한 자
8. 제76조제1항제7호다목 단서를 위반하여 주택을 전매하거나 전매를 알선한 자

제137조(벌칙)

다음 각 호의 어느 하나에 해당하는 자는 2년 이하의 징역 또는 2천만원 이하의 벌

금에 처한다.

1. 제12조제5항에 따른 안전진단 결과보고서를 거짓으로 작성한 자

2. 제19조제1항을 위반하여 허가 또는 변경허가를 받지 아니하거나 거짓, 그 밖의 부정한 방법으로 허가 또는 변경허가를 받아 행위를 한 자

3. 제31조제1항 또는 제47조제3항을 위반하여 추진위원회 또는 주민대표회의의 승인을 받지 아니하고 제32조제1항 각 호의 업무를 수행하거나 주민대표회의를 구성·운영한 자

4. 제31조제1항 또는 제47조제3항에 따라 승인받은 추진위원회 또는 주민대표회의가 구성되어 있음에도 불구하고 임의로 추진위원회 또는 주민대표회의를 구성하여 이 법에 따른 정비사업을 추진한 자

5. 제35조에 따라 조합이 설립되었는데도 불구하고 추진위원회를 계속 운영한 자

6. 제45조에 따른 총회의 의결을 거치지 아니하고 같은 조 제1항 각 호의 사업(같은 항 제13호 중 정관으로 정하는 사항은 제외한다)을 임의로 추진한 조합임원(전문조합관리인을 포함한다)

7. 제50조에 따른 사업시행계획인가를 받지 아니하고 정비사업을 시행한 자와 같은 사업시행계획서를 위반하여 건축물을 건축한 자

8. 제74조에 따른 관리처분계획인가를 받지 아니하고 제86조에 따른 이전을 한 자

9. 제102조제1항을 위반하여 등록을 하지 아니하고 이 법에 따른 정비사업을 위탁받은 자 또는 거짓, 그 밖의 부정한 방법으로 등록을 한 정비사업전문관리업자

10. 제106조제1항 각 호 외의 부분 단서에 따라 등록이 취소되었음에도 불구하고 영업을 하는 자

11. 제113조제1항부터 제3항까지의 규정에 따른 처분의 취소·변경 또는 정지, 그 공사의 중지 및 변경에 관한 명령을 받고도 이에 응하지 아니한 추진위원회, 사업시행자, 주민대표회의 및 정비사업전문관리업자

12. 제124조제1항에 따른 서류 및 관련 자료를 거짓으로 공개한 추진위원장 또는 조합임원(토지등소유자가 시행하는 재개발사업의 경우 그 대표자)

13. 제124조제4항에 따른 열람·복사 요청에 허위의 사실이 포함된 자료를 열람·복사해 준 추진위원장 또는 조합임원(토지등소유자가 시행하는 재개발사업의 경우 그 대표자)

제138조(벌칙)

① 다음 각 호의 어느 하나에 해당하는 자는 1년 이하의 징역 또는 1천만원 이하의

벌금에 처한다. 〈개정 2018. 6. 12., 2020. 6. 9., 2021. 1. 5.〉

1. 제19조제8항을 위반하여 「주택법」 제2조제11호가목에 따른 지역주택조합의 조합원을 모집한 자

2. 제34조제4항을 위반하여 추진위원회의 회계장부 및 관계 서류를 조합에 인계하지 아니한 추진위원장(전문조합관리인을 포함한다)

3. 제83조제1항에 따른 준공인가를 받지 아니하고 건축물 등을 사용한 자와 같은 조 제5항 본문에 따라 시장·군수등의 사용허가를 받지 아니하고 건축물을 사용한 자

4. 다른 사람에게 자기의 성명 또는 상호를 사용하여 이 법에서 정한 업무를 수행하게 하거나 등록증을 대여한 정비사업전문관리업자

5. 제102조제1항 각 호에 따른 업무를 다른 용역업체 및 그 직원에게 수행하도록 한 정비사업전문관리업자

6. 제112조제1항에 따른 회계감사를 요청하지 아니한 추진위원장, 전문조합관리인 또는 조합임원(토지등소유자가 시행하는 재개발사업 또는 제27조에 따라 지정개발자가 시행하는 정비사업의 경우에는 그 대표자를 말한다)

7. 제124조제1항을 위반하여 정비사업시행과 관련한 서류 및 자료를 인터넷과 그 밖의 방법을 병행하여 공개하지 아니하거나 같은 조 제4항을 위반하여 조합원 또는 토지등소유자의 열람·복사 요청을 따르지 아니하는 추진위원장, 전문조합관리인 또는 조합임원(조합의 청산인 및 토지등소유자가 시행하는 재개발사업의 경우에는 그 대표자, 제27조에 따른 지정개발자가 사업시행자인 경우 그 대표자를 말한다)

8. 제125조제1항을 위반하여 속기록 등을 만들지 아니하거나 관련 자료를 청산 시까지 보관하지 아니한 추진위원장, 전문조합관리인 또는 조합임원(조합의 청산인 및 토지등소유자가 시행하는 재개발사업의 경우에는 그 대표자, 제27조에 따른 지정개발자가 사업시행자인 경우 그 대표자를 말한다)

② 건설업자가 제132조의2에 따른 조치를 소홀히 하여 용역업체의 임직원이 제132조 각 호의 어느 하나를 위반한 경우 그 건설업자는 5천만원 이하의 벌금에 처한다. 〈신설 2018. 6. 12.〉

[시행일 : 2021. 7. 6.] 제138조제1항제6호

제139조(양벌규정)

법인의 대표자나 법인 또는 개인의 대리인, 사용인, 그 밖의 종업원이 그 법인 또는 개인의 업무에 관하여 제135조부터 제138조까지의 어느 하나에 해당하는 위반행위를

하면 그 행위자를 벌하는 외에 그 법인 또는 개인에게도 해당 조문의 벌금에 처한다. 다만, 법인 또는 개인이 그 위반행위를 방지하기 위하여 해당 업무에 관하여 상당한 주의와 감독을 게을리하지 아니한 경우에는 그러하지 아니하다.

제140조(과태료)

① 제113조제2항에 따른 점검반의 현장조사를 거부·기피 또는 방해한 자에게는 1천만원의 과태료를 부과한다.

② 다음 각 호의 어느 하나에 해당하는 자에게는 500만원 이하의 과태료를 부과한다. 〈개정 2017. 8. 9.〉

1. 제29조제2항을 위반하여 전자조달시스템을 이용하지 아니하고 계약을 체결한 자
2. 제78조제5항 또는 제86조제1항에 따른 통지를 태만히 한 자
3. 제107조제1항 및 제111조제2항에 따른 보고 또는 자료의 제출을 태만히 한 자
4. 제125조제2항에 따른 관계 서류의 인계를 태만히 한 자

③ 제1항 및 제2항에 따른 과태료는 대통령령으로 정하는 방법 및 절차에 따라 국토교통부장관, 시·도지사, 시장, 군수 또는 구청장이 부과·징수한다.

제141조(자수자에 대한 특례)

제132조 각 호의 어느 하나를 위반하여 금품, 향응 또는 그 밖의 재산상 이익을 제공하거나 제공의사를 표시하거나 제공을 약속하는 행위를 하거나 제공을 받거나 제공의사 표시를 승낙한 자가 자수하였을 때에는 그 형벌을 감경 또는 면제한다.

[본조신설 2017. 8. 9.]

제142조(금품·향응 수수행위 등에 대한 신고포상금)

시·도지사 또는 대도시의 시장은 제132조 각 호의 행위사실을 신고한 자에게 시·도조례로 정하는 바에 따라 포상금을 지급할 수 있다.

[본조신설 2017. 8. 9.]

제2편 빈집 및 소규모 주택 정비에 관한 특례법(약칭 : 소규모 주택 정비법)

빈집 및 소규모주택 정비에 관한 특례법

[시행 2018. 2. 9.] [법률 제14569호, 2017. 2. 8., 제정]

【제정 · 개정이유】

[제정]

◇ 제정이유

최근 저출산 · 고령화와 저성장 기조가 지속되고 전국 주택보급률이 100%를 초과함에 따라 다수의 대규모 정비사업이 지연 · 중단되고 있으며 구도심 쇠퇴 등으로 빈집이 지속적으로 증가하고 있는 추세임.

빈집 증가에 따라 안전사고나 범죄발생의 우려가 있고 도시미관이나 주거환경에 장해가 되는 등 다양한 사회문제가 유발되고 있으나, 빈집에 대한 정의가 지방자치단체별로 다르고 빈집 실태조사나 정비계획 수립 등 빈집을 체계적으로 정비하기 위한 제도가 부재한 실정임.

또한, 현행 「도시 및 주거환경정비법」은 대규모 정비사업 위주로 주요내용이 구성되어 있고, 가로주택정비사업 등 소규모 정비사업과 관련된 사항이 있으나 사업 활성화를 위한 지원규정은 미흡한 수준임. 특히 저소득층의 60% 이상이 단독 · 다세대주택에 거주하고 있다는 점에서 소규모주택 정비에 대한 공공의 다각적 지원이 요구됨.

이에 빈집 및 소규모주택 정비에 관한 「빈집 및 소규모주택 정비에 관한 특례법」을 새로이 제정하여, 빈집의 체계적 정비를 위한 제도적 근거를 마련하고, 현행 「도시 및 주거환경정비법」에서 규정하고 있는 가로주택정비사업 등을 이 법으로 이관하여 사업절차를 간소화하는 한편, 사업 활성화를 위하여 건축규제완화,

임대주택건설 등의 특례규정과 정비지원기구 지정, 임대관리업무 지원, 기술지원 및 정보제공 등의 지원규정을 신설하려는 것임.

◇ 주요내용

가. 이 법은 방치된 빈집을 효율적으로 정비하고 소규모주택 정비를 활성화하기 위하여 필요한 사항을 규정함으로써 주거생활의 질을 높이는데 이바지함을 목적으로 함(제1조).

나. 지방자치단체장은 빈집실태조사 결과를 토대로 지방도시계획위원회 심의를 거쳐 빈집정비계획을 수립 · 시행함(제4조).

다. 지방자치단체장은 빈집이나 빈집이라고 추정되는 주택에 대해 실태조사를 실시할 수 있음(제5조).

라. 지방자치단체장은 빈집실태조사를 위하여 국세, 지방세, 수도 · 전기 요금 등의 개인정보를 수집 · 이용할 수 있음(제8조).

마. 지방자치단체장은 빈집이 안전사고나 범죄발생의 우려가 높은 경우에 철거 등 필요한 조치를 명할 수 있고, 소유자가 특별한 사유 없이 이에 따르지 아니하면 직권으로 철거할 수 있음(제11조).

바. 지방자치단체장은 빈집실태조사 결과를 토대로 빈집정보시스템을 구축할 수 있음(제15조).

사. 지방자치단체장은 소규모주택정비사업과 관련된 건축심의, 도시 · 군관리계획 등에 관한 사항을 통합심의 하여야 함(제27조).

아. 가로주택정비사업 · 소규모재건축사업의 시행자는 관리처분계획을 포함하는

사업시행계획서를 작성하고 이를 조합 총회 의결 등을 거쳐 지방자치단체장에게 인가받도록 함(제29조 및 제30조).

자. 빈집이 법령의 제정 · 개정 등으로 대지나 건축물이 법령에 맞지 않게 된 경우에는 지방건축위원회의 심의를 거쳐 개축 또는 용도변경을 할 수 있음(제46조).

차. 소규모주택정비사업의 경우 조경, 건폐율, 대지 안의 공지기준, 높이 제한 등의 건축기준을 완화 받을 수 있고, 빈집 및 소규모주택 정비사업으로 건설하는 건축물에 대하여 부설주차장 설치비용 납부로 주차장 설치를 갈음할 수 있음(제48조).

카. 빈집 및 소규모주택 정비사업으로 공공 · 준공공임대주택을 전체 연면적의 20퍼센트 이상을 건설하는 경우 용적률은 관계 법령에서 정하는 상한까지 완화할 수 있음(제49조).

타. 국토교통부장관 또는 지방자치단체장은 빈집 및 소규모주택 정비사업으로 임대주택을 건설하는 경우 임대관리업무 등을 지원할 수 있음(제51조).

제1장 총칙

제1조(목적) 이 법은 방치된 빈집을 효율적으로 정비하고 소규모주택 정비를 활성화하기 위하여 필요한 사항 및 특례를 규정함으로써 주거생활의 질을 높이는 데 이바지함을 목적으로 한다.

제2조(정의)

① 이 법에서 사용하는 용어의 뜻은 다음과 같다.

1. "빈집"이란 특별자치시장 · 특별자치도지사 · 시장 · 군수 또는 자치구의 구청장(이하 "시장 · 군수등"이라 한다)이 거주 또는 사용 여부를 확인한 날부터 1년 이상 아무도 거주 또는 사용하지 아니하는 주택을 말한다. 다만, 미분양주택 등 대통령령으로 정하는 주택은 제외한다.

2. "빈집정비사업"이란 빈집을 개량 또는 철거하거나 효율적으로 관리 또는 활용하기 위한 사업을 말한다.

3. "소규모주택정비사업"이란 이 법에서 정한 절차에 따라 노후 · 불량건축물의 밀집 등 대통령령으로 정하는 요건에 해당하는 지역 또는 가로구역(街路區域)에서 시행하는 다음 각 목의 사업을 말한다.

가. 자율주택정비사업: 단독주택, 다세대주택 및 연립주택을 스스로 개량 또는 건설하기 위한 사업

나. 가로주택정비사업: 가로구역에서 종전의 가로를 유지하면서 소규모로 주거환경을 개선하기 위한 사업

다. 소규모재건축사업: 정비기반시설이 양호한 지역에서 소규모로 공동주택을 재건축하기 위한 사업. 이 경우 도심 내 주택공급을 활성화하기 위하여 다음 요건을 모두 갖추어 시행하는 소규모재건축사업을 "공공참여 소규모재건축활성화사업"(이하 "공공소규모재건축사업"이라 한다)이라 한다.

1) 제10조제1항제1호에 따른 토지주택공사등이 제17조제3항에 따른 공동시행자, 제18조제1항에 따른 공공시행자 또는 제56조에 따른 사업대행자(이하 "공공시행자등"이라 한다)일 것

2) 건설 · 공급되는 주택이 종전 세대수의 대통령령으로 정하는 비율 이상일 것. 다만, 제27조에 따른 통합심의를 거쳐 「국토의 계획 및 이용에 관한 법률」 제18조에 따른 도시 · 군기본계획 또는 정비기반시설 등 토지이용 현황 등을 고려하여 대통령령으로 정하는 비율 이상 건축할 수 없는 불가피한 사정이 있다고 인정하는 경우에는 그

러하지 아니하다.

라. 소규모재개발사업: 역세권 또는 준공업지역에서 소규모로 주거환경 또는 도시환경을 개선하기 위한 사업

4. "사업시행구역"이란 빈집정비사업 또는 소규모주택정비사업을 시행하는 구역을 말한다.

5. "사업시행자"란 빈집정비사업 또는 소규모주택정비사업을 시행하는 자를 말한다.

6. "토지등소유자"란 다음 각 목에서 정하는 자를 말한다. 다만, 「자본시장과 금융투자업에 관한 법률」 제8조제7항에 따른 신탁업자(이하 "신탁업자"라 한다)가 사업시행자로 지정된 경우 토지등소유자가 소규모주택정비사업을 목적으로 신탁업자에게 신탁한 토지 또는 건축물에 대하여는 위탁자를 토지등소유자로 본다.

가. 자율주택정비사업, 가로주택정비사업 또는 소규모재개발사업은 사업시행구역에 위치한 토지 또는 건축물의 소유자, 해당 토지의 지상권자

나. 소규모재건축사업은 사업시행구역에 위치한 건축물 및 그 부속토지의 소유자

7. "주민합의체"란 제22조에 따라 토지등소유자가 소규모주택정비사업을 시행하기 위하여 결성하는 협의체를 말한다.

8. "빈집밀집구역"이란 빈집이 밀집한 지역을 관리하기 위하여 제4조제5항에 따라 지정·고시된 구역을 말한다.

9. "소규모주택정비 관리지역"(이하 "관리지역"이라 한다)이란 노후·불량건축물에 해당하는 단독주택 및 공동주택과 신축 건축물이 혼재하여 광역적 개발이 곤란한 지역에서 정비기반시설과 공동이용시설의 확충을 통하여 소규모주택정비사업을 계획적·효율적으로 추진하기 위하여 제43조의2에 따라 소규모주택정비 관리계획이 승인·고시된 지역을 말한다.

② 이 법에서 따로 정의하지 아니한 용어는 「도시 및 주거환경정비법」에서 정하는 바에 따른다.

제3조(다른 법률과의 관계)

① 이 법은 빈집정비사업 및 소규모주택정비사업에 관하여 다른 법률에 우선하여 적

용한다.

② 빈집정비사업과 자율주택정비사업에 관하여 「농어촌정비법」 제2조제1호 및 제2호에 따른 농어촌 및 준농어촌에서는 이 법을 적용하지 아니한다. 다만, 「도시재생 활성화 및 지원에 관한 특별법」 제2조제1항제5호에 따른 도시재생활성화지역에서 시행하는 자율주택정비사업에 관해서는 그러하지 아니하다. 〈개정 2019. 4. 23.〉

제2장 빈집정비사업

제1절 빈집정비계획의 수립 등

제4조(빈집정비계획의 수립)

① 시장·군수등은 빈집을 효율적으로 정비 또는 활용하기 위하여 다음 각 호의 사항을 포함하는 빈집정비에 관한 계획(이하 "빈집정비계획"이라 한다)을 5년마다 수립·시행하여야 한다. 다만, 국토교통부장관이 요청하거나 시장·군수등이 필요하다고 인정하는 때에는 빈집정비계획 수립 후 1년마다 해당 계획의 타당성을 재검토할 수 있다. 〈개정 2019. 4. 23., 2021. 4. 13.〉

1. 빈집정비의 기본방향
2. 빈집정비사업의 추진계획 및 시행방법
3. 빈집정비사업에 필요한 재원조달계획
4. 빈집의 매입 및 활용에 관한 사항
5. 그 밖에 빈집정비를 위하여 필요한 사항으로서 대통령령으로 정하는 사항

② 시장·군수등은 제1항에 따라 빈집정비계획을 수립하는 경우에는 14일 이상 지역주민에게 공람하여 의견을 수렴하여야 하고 「국토의 계획 및 이용에 관한 법률」 제113조제1항 및 제2항에 따라 특별자치시·특별자치도·시·군·구(자치구를 말한다. 이하 같다)에 설치하는 도시계획위원회(이하 "지방도시계획위원회"라 한다)의 심의를 거쳐야 한다.

③ 빈집정비계획을 변경하는 경우에는 제2항을 준용한다. 다만, 대통령령으로 정하는 경미한 사항을 변경하는 경우에는 그러하지 아니하다.

④ 시장 · 군수등은 빈집정비계획을 수립하거나 변경한 경우에는 지체 없이 해당 지방자치단체의 공보에 고시하여야 하며, 시장 · 군수 및 자치구의 구청장은 특별시장 · 광역시장 · 도지사에게 보고하고, 특별시장 · 광역시장 · 특별자치시장 · 도지사 · 특별자치도지사(이하 "시 · 도지사"라 한다)는 국토교통부장관에게 보고하여야 한다.

⑤ 시장 · 군수등이 빈집정비계획을 수립 또는 변경하는 경우 다음 각 호의 요건을 모두 충족하는 지역을 빈집밀집구역으로 지정할 수 있다. 〈신설 2019. 4. 23.〉

1. 빈집이 증가하고 있거나 빈집 비율이 높은 지역
2. 노후 · 불량건축물이 증가하고 있거나 정비기반시설이 부족하여 주거환경이 열악한 지역
3. 다른 법령에 따른 정비사업을 추진하고 있지 아니한 지역

⑥ 제5항에 따른 빈집밀집구역 지정 요건의 세부기준은 대통령령으로 정한다. 〈신설 2019. 4. 23.〉

⑦ 관할 시 · 도경찰청장 및 시 · 도 소방본부장은 제5항에 따라 지정된 빈집밀집구역에서의 안전사고 및 범죄 등의 발생을 방지하기 위하여 노력하여야 한다. 〈신설 2019. 4. 23., 2020. 12. 22.〉

⑧ 빈집정비계획의 수립 기준 · 절차 및 방법 등에 필요한 사항은 대통령령으로 정한다. 〈개정 2019. 4. 23.〉

제4조(빈집정비계획의 수립)

① 시장 · 군수등은 빈집을 효율적으로 정비 또는 활용하기 위하여 다음 각 호의 사항을 포함하는 빈집정비에 관한 계획(이하 "빈집정비계획"이라 한다)을 5년마다 수립 · 시행하여야 한다. 다만, 국토교통부장관이 요청하거나 시장 · 군수등이 필요하다고 인정하는 때에는 빈집정비계획 수립 후 1년마다 해당 계획의 타당성을 재검토할 수 있다. 〈개정 2019. 4. 23., 2021. 4. 13.〉

1. 빈집정비의 기본방향
2. 빈집정비사업의 추진계획 및 시행방법
3. 빈집정비사업에 필요한 재원조달계획
4. 빈집의 매입 및 활용에 관한 사항

5. 그 밖에 빈집정비를 위하여 필요한 사항으로서 대통령령으로 정하는 사항

② 시장 · 군수등은 제1항에 따라 빈집정비계획을 수립하는 경우에는 14일 이상 지역주민에게 공람하여 의견을 수렴하여야 하고 「국토의 계획 및 이용에 관한 법률」 제113조제1항 및 제2항에 따라 특별자치시 · 특별자치도 · 시 · 군 · 구(자치구를 말한다. 이하 같다)에 설치하는 도시계획위원회(이하 "지방도시계획위원회"라 한다)의 심의를 거쳐야 한다.

③ 빈집정비계획을 변경하는 경우에는 제2항을 준용한다. 다만, 대통령령으로 정하는 경미한 사항을 변경하는 경우에는 그러하지 아니하다.

④ 시장 · 군수등은 빈집정비계획을 수립하거나 변경한 경우에는 지체 없이 해당 지방자치단체의 공보에 고시하여야 하며, 시장 · 군수 및 자치구의 구청장은 특별시장 · 광역시장 · 도지사에게 보고하고, 특별시장 · 광역시장 · 특별자치시장 · 도지사 · 특별자치도지사(이하 "시 · 도지사"라 한다)는 국토교통부장관에게 보고하여야 한다. 이 경우 특별시장 · 광역시장 · 도지사는 필요하다고 인정하는 때에는 관할 지방자치단체의 빈집정비계획에 대하여 수정 또는 보완을 요청할 수 있다. 〈개정 2022. 2. 3.〉

⑤ 시장 · 군수등이 빈집정비계획을 수립 또는 변경하는 경우 다음 각 호의 요건을 모두 충족하는 지역을 빈집밀집구역으로 지정할 수 있다. 〈신설 2019. 4. 23.〉

1. 빈집이 증가하고 있거나 빈집 비율이 높은 지역
2. 노후 · 불량건축물이 증가하고 있거나 정비기반시설이 부족하여 주거환경이 열악한 지역
3. 다른 법령에 따른 정비사업을 추진하고 있지 아니한 지역

⑥ 제5항에 따른 빈집밀집구역 지정 요건의 세부기준은 대통령령으로 정한다. 〈신설 2019. 4. 23.〉

⑦ 관할 시 · 도경찰청장 및 시 · 도 소방본부장은 제5항에 따라 지정된 빈집밀집구역에서의 안전사고 및 범죄 등의 발생을 방지하기 위하여 노력하여야 한다. 〈신설 2019. 4. 23., 2020. 12. 22.〉

⑧ 빈집정비계획의 수립 기준 · 절차 및 방법 등에 필요한 사항은 대통령령으로 정한

다. 〈개정 2019. 4. 23.〉
[시행일: 2022. 8. 4.] 제4조

제5조(빈집등 실태조사)

① 시장 · 군수등은 빈집이나 빈집으로 추정되는 주택(이하 "빈집등"이라 한다)에 대하여 다음 각 호의 사항에 관한 조사(이하 "실태조사"라 한다)를 5년마다 실시하여야 한다. 다만, 국토교통부장관이 요청하거나 시장 · 군수등이 필요하다고 인정하는 경우에는 시장 · 군수등이 수시로 실태조사를 실시할 수 있다. 〈개정 2021. 4. 13.〉
1. 빈집 여부의 확인
2. 빈집의 관리 현황 및 방치기간
3. 빈집 소유권 등의 권리관계 현황
4. 빈집 및 그 대지에 설치된 시설 또는 인공구조물 등의 현황
5. 그 밖에 빈집 발생 사유 등 대통령령으로 정하는 사항

② 시장 · 군수등은 대통령령으로 정하는 전문기관을 지정하여 실태조사를 대행하게 할 수 있다.

③ 시장 · 군수등 또는 제2항에 따른 전문기관의 장은 실태조사를 위하여 빈집 소유자 및 이해관계자에게 필요한 자료의 제출을 요청할 수 있다.

④ 시장 · 군수등은 제1항에 따라 실태조사를 실시하는 경우 빈집의 상태 및 위해성 등 대통령령으로 정하는 기준에 따라 빈집의 등급을 산정하여야 한다. 〈신설 2021. 4. 13.〉

⑤ 실태조사의 방법 · 절차 등에 필요한 사항은 대통령령으로 정한다. 〈개정 2021. 4. 13.〉

제6조(빈집등에의 출입)

① 시장 · 군수등 또는 제5조제2항에 따른 전문기관의 장은 실태조사를 위하여 필요한 경우 빈집등 및 그 대지에 출입할 수 있다.

② 시장 · 군수등 또는 제5조제2항에 따른 전문기관의 장은 제1항에 따라 빈집등 및 그 대지에 출입하는 경우 출입하는 날 7일 전까지 국토교통부령으로 정하는 바에 따

라 소유자 · 점유자 또는 관리인(이하 “소유자등”이라 한다)에게 그 일시와 장소를 알려야 한다. 다만, 소유자등의 부재나 주소불명 등으로 알릴 수 없는 경우에는 지방자치단체의 공보 및 홈페이지에 공고하여야 한다. 〈개정 2021. 4. 13.〉

③ 제1항에 따라 빈집등 및 그 대지에 출입하는 자는 국토교통부령으로 정하는 바에 따라 그 권한을 표시하는 증표를 지니고 이를 관계인에게 내보여야 한다. 〈개정 2019. 8. 20.〉

제7조(빈집등에의 출입에 따른 손실보상)

① 시장 · 군수등은 제6조제1항에 따른 빈집등 및 그 대지에의 출입으로 손실을 입은 자가 있으면 그 손실을 보상하여야 한다.

② 시장 · 군수등은 제1항에 따른 손실을 입은 자와 협의하여 보상하여야 한다.

③ 시장 · 군수등 또는 제1항에 따른 손실을 입은 자는 제2항에 따른 협의가 성립되지 아니하거나 협의를 할 수 없는 경우에는 「공익사업을 위한 토지 등의 취득 및 보상에 관한 법률」 제49조에 따라 설치되는 관할 토지수용위원회에 재결을 신청할 수 있다. 〈개정 2019. 8. 20.〉

④ 제3항에 따른 관할 토지수용위원회의 재결에 관하여는 「공익사업을 위한 토지 등의 취득 및 보상에 관한 법률」 제83조부터 제87조까지를 준용한다.

제8조(빈집등에 관한 자료 또는 정보의 이용 및 요청)

① 시장 · 군수등 또는 제5조제2항에 따른 전문기관의 장은 실태조사를 위하여 필요하다고 인정하는 경우에는 주민등록 전산정보(주민등록번호 · 외국인등록번호 등 고유식별번호를 포함한다), 국세, 지방세, 수도 · 전기 요금 등의 자료 또는 정보를 수집 · 이용할 수 있다.

② 시장 · 군수등은 제1항의 목적을 달성하기 위하여 필요한 경우 관계 행정기관의 장 또는 공공기관의 장에게 자료 또는 정보의 제공을 요청할 수 있다. 이 경우 요청을 받은 기관의 장은 특별한 사유가 없으면 이에 따라야 한다.

③ 제1항 및 제2항에 따른 자료 또는 정보의 수집 · 이용 및 요청 · 제공은 「개인정보

보호법」에 따른다.
④ 제1항 및 제2항에 따른 업무에 종사하거나 종사하였던 자는 업무를 수행하면서 취득한 자료 또는 정보를 이 법에서 정한 목적 외의 다른 용도로 사용하거나 다른 사람 또는 기관에 제공하거나 누설하여서는 아니 된다.

제2절 빈집정비사업의 시행방법 등

제9조(빈집정비사업의 시행방법)

빈집정비사업은 다음 각 호의 어느 하나에 해당하는 방법으로 한다.

1. 빈집의 내부 공간을 칸막이로 구획하거나 벽지 · 천장재 · 바닥재 등을 설치하는 방법
2. 빈집을 철거하지 아니하고 개축 · 증축 · 대수선하거나 용도변경하는 방법
3. 빈집을 철거하는 방법
4. 빈집을 철거한 후 주택 등 건축물을 건축하거나 정비기반시설 및 공동이용시설 등을 설치하는 방법

제10조(빈집정비사업의 시행자)

① 빈집정비사업은 시장 · 군수등 또는 빈집 소유자가 직접 시행하거나 다음 각 호에 해당하는 자와 공동으로 시행할 수 있다. 〈개정 2019. 4. 30.〉

1. 「한국토지주택공사법」에 따라 설립된 한국토지주택공사 또는 「지방공기업법」에 따라 주택사업을 시행하기 위하여 설립된 지방공사(이하 “토지주택공사등”이라 한다)
2. 「건설산업기본법」 제9조에 따른 건설사업자(이하 “건설업자”라 한다)
3. 「주택법」 제7조제1항에 따라 건설업자로 보는 등록사업자(이하 “등록사업자”라 한다)
4. 「부동산투자회사법」 제2조제1호에 따른 부동산투자회사(이하 “부동산투자회사”라 한다)
5. 「사회적기업 육성법」 제2조제1호에 따른 사회적기업, 「협동조합 기본법」 제15조에 따라 설립신고된 협동조합, 「민법」 제32조에 따른 비영리법인 및 「공익법인의 설립 · 운영에 관한 법률」 제4조에 따라 설립허가된 공익법인

② 시장 · 군수등은 제1항에도 불구하고 제9조제1호, 제2호 또는 제4호의 방법으로 시행하는 빈집정비사업으로서 빈집 소유자가 요청하거나 빈집정비사업을 효율적으로

시행하기 위하여 필요한 경우에는 제1항 각 호의 어느 하나에 해당하는 자를 사업시행자로 지정하여 해당 빈집정비사업을 시행하게 할 수 있다.

③ 시장ㆍ군수등은 빈집정비사업(제11조제2항에 따라 직권으로 빈집을 철거하는 경우는 제외한다)을 시행하는 경우에는 국토교통부령으로 정하는 바에 따라 해당 빈집 소유자의 동의를 받아야 한다. 다만, 해당 빈집 소유자의 소재를 알 수 없는 경우에는 제13조에 따른 사업시행계획서의 내용을 해당 지방자치단체의 공보 및 홈페이지에 공고하고, 공고한 날부터 30일이 지난 날까지 해당 빈집 소유자가 의견을 제출하지 아니하면 동의한 것으로 본다.

제11조(빈집의 철거 등)

① 시장ㆍ군수등은 빈집이 다음 각 호의 어느 하나에 해당하면 빈집정비계획에서 정하는 바에 따라 해당 빈집 소유자에게 안전조치, 철거 등(이하 "철거등"이라 한다) 필요한 조치를 명할 수 있다. 다만, 빈집정비계획이 수립되어 있지 아니한 경우에는 「건축법」 제4조에 따른 지방건축위원회(이하 "지방건축위원회"라 한다)의 심의를 거쳐 해당 빈집 소유자에게 철거등 필요한 조치를 명할 수 있다. 이 경우 빈집 소유자는 특별한 사유가 없으면 60일 이내에 조치를 이행하여야 한다. 〈개정 2021. 4. 13.〉

1. 붕괴ㆍ화재 등 안전사고나 범죄발생의 우려가 높은 경우
2. 위생상 유해 우려가 있는 경우
3. 관리가 적절히 되지 아니하여 현저히 경관을 훼손하고 있는 경우
4. 주변 생활환경 보전을 위하여 방치하기에는 부적절한 경우

② 시장ㆍ군수등은 제1항에 따라 빈집의 철거등 필요한 조치를 명한 경우 해당 빈집 소유자가 특별한 사유 없이 따르지 아니하면 대통령령으로 정하는 바에 따라 직권으로 해당 빈집에 대하여 철거등 필요한 조치를 할 수 있다. 〈개정 2021. 4. 13.〉

③ 시장ㆍ군수등은 제2항에 따라 철거할 빈집 소유자의 소재를 알 수 없는 경우 그 빈집에 대한 철거명령과 이를 이행하지 아니하면 직권으로 철거한다는 내용을 일간신문 및 홈페이지에 1회 이상 공고하고, 일간신문에 공고한 날부터 60일이 지난 날까지 빈집 소유자가 빈집을 철거하지 아니하면 직권으로 철거할 수 있다.

④ 시장ㆍ군수등은 제2항 또는 제3항에 따라 빈집을 철거하는 경우에는 대통령령으로

정하는 정당한 보상비를 빈집 소유자에게 지급하여야 한다. 이 경우 시장 · 군수등은 보상비에서 철거에 소요된 비용을 빼고 지급할 수 있다.

⑤ 시장 · 군수등은 다음 각 호의 어느 하나에 해당하는 경우에는 보상비를 공탁하여야 한다.

1. 빈집 소유자가 보상비 수령을 거부하는 경우
2. 빈집 소유자의 소재불명(所在不明)으로 보상비를 지급할 수 없는 경우
3. 압류나 가압류에 의하여 보상비 지급이 금지된 경우

⑥ 시장 · 군수등은 제2항 또는 제3항에 따라 빈집을 철거한 경우에는 지체 없이 건축물대장을 정리하고, 관할 등기소에 해당 빈집이 이 법에 따라 철거되었다는 취지의 통지를 하고 말소등기를 촉탁하여야 한다.

제11조의2(빈집의 매입)

① 시 · 도지사나 시장 · 군수등 또는 토지주택공사등은 빈집정비계획에 따라 빈집을 매입하여 정비기반시설, 공동이용시설 또는 임대주택 등으로 활용할 수 있으며, 이 경우 빈집밀집구역에 있는 빈집을 우선하여 매입할 수 있다.

② 빈집 소유자는 관할 시 · 도지사나 시장 · 군수등 또는 토지주택공사등에게 빈집의 매수를 요청할 수 있으며, 이 경우 시 · 도지사나 시장 · 군수등 또는 토지주택공사등은 요청을 받은 날부터 30일 이내에 빈집 매입 여부를 빈집 소유자에게 통보하여야 한다.

③ 그 밖에 빈집의 매입 방법 · 절차 등에 관한 사항은 대통령령으로 정한다.

제11조의3(빈집에 대한 신고 등)

① 누구든지 빈집을 제11조제1항제1호부터 제4호까지의 어느 하나 이상에 해당되는 빈집으로 인식한 경우 이를 해당 빈집이 소재한 지역의 관할 시장 · 군수등에게 신고할 수 있다. 이 경우 신고의 절차나 방법 등은 「공익신고자 보호법」을 따른다.

② 시장 · 군수등이 제1항에 따른 빈집에 대한 신고를 접수한 때에는 대통령령으로 정하는 바에 따라 현장조사를 실시하여야 한다.

③ 시장 · 군수등은 제1항 및 제2항에 따른 빈집의 소유자등에 대하여 해당 빈집의 위해요소 제거, 정비, 벌목 등 주변 생활환경 보전에 필요한 조치를 대통령령으로 정하는 바에 따라 지도하여야 하며, 그 밖에 행정지도의 방법 등 필요한 사항은 「행정절차법」 제48조부터 제51조까지의 규정에 따른다.

제11조의4(빈집의 수용 또는 사용)

① 시장 · 군수등 또는 토지주택공사등은 공공의 필요에 따라 다음 각 호에 따른 빈집정비사업을 시행하는 경우 사업시행구역 내에 있는 빈집에 대하여 「공익사업을 위한 토지 등의 취득 및 보상에 관한 법률」 제3조에 따른 토지 · 물건 및 권리를 수용 또는 사용할 수 있다.

1. 제9조제1호 및 제2호. 다만, 주택, 정비기반시설 및 공동이용시설 등으로 활용하는 경우로 한정한다.
2. 제9조제4호

② 제1항에 따른 빈집의 수용 또는 사용에 관하여는 이 법에서 특별한 규정이 있는 경우를 제외하고는 「공익사업을 위한 토지 등의 취득 및 보상에 관한 법률」을 준용한다. 다만, 사업의 시행에 따른 손실보상의 기준 및 절차는 대통령령으로 정할 수 있다.

③ 제1항에 따라 제13조제6호에 따른 수용 또는 사용의 대상이 되는 토지 · 물건 및 권리의 세목을 포함하는 사업시행계획인가 고시(시장 · 군수등이 직접 사업을 시행하는 경우에는 사업시행계획서의 고시를 말한다)가 있는 경우에는 「공익사업을 위한 토지 등의 취득 및 보상에 관한 법률」 제20조제1항 및 제22조에 따른 사업인정 및 그 고시가 있는 것으로 본다.

④ 제1항에 따른 수용 또는 사용에 대한 재결의 신청은 「공익사업을 위한 토지 등의 취득 및 보상에 관한 법률」 제23조제1항 및 제28조제1항에도 불구하고 사업시행계획인가(사업시행계획변경인가를 포함한다)를 할 때 정한 사업시행기간 이내에 하여야 한다.
[본조신설 2021. 4. 13.]

제3절 사업시행계획인가 등

제12조(사업시행계획인가)

① 사업시행자(사업시행자가 시장 · 군수등인 경우는 제외한다. 이하 이 조에서 같다)는 제9조제2호 또는 제4호의 방법으로 빈집정비사업을 시행하는 경우 제13조에 따른 사업시행계획서를 작성하여 시장 · 군수등에게 제출하고 사업시행계획인가를 받아야 한다. 인가받은 사항을 변경하는 경우에도 또한 같다. 다만, 대통령령으로 정하는 경미한 사항을 변경하는 경우에는 시장 · 군수등에게 신고하여야 한다.

② 시장 · 군수등은 특별한 사유가 없으면 제1항에 따른 사업시행계획서(사업시행계획서의 변경을 포함한다)가 제출된 날부터 60일 이내에 인가 여부를 결정하여 사업시행자에게 통보하여야 한다.

③ 시장 · 군수등은 제1항에 따른 사업시행계획인가(시장 · 군수등이 직접 사업시행계획서를 작성한 경우를 포함한다)를 하거나 변경인가(시장 · 군수등이 직접 작성한 사업시행계획서를 변경한 경우를 포함한다)를 하는 경우에는 국토교통부령으로 정하는 방법 및 절차에 따라 그 내용을 해당 지방자치단체의 공보에 고시하여야 한다. 다만, 제1항 단서에 따라 경미한 사항을 변경하는 경우에는 그러하지 아니하다.

제13조(사업시행계획서의 작성)

사업시행자는 다음 각 호의 사항을 포함하는 사업시행계획서를 작성하여야 한다. 다만, 제3호 및 제4호는 제9조제4호의 방법으로 빈집정비사업을 시행하는 경우에 한정한다. 〈개정 2021. 1. 12., 2021. 4. 13.〉

1. 사업시행구역 및 그 면적
2. 토지이용계획(건축물배치계획을 포함한다)
3. 정비기반시설 및 공동이용시설의 설치계획
4. 임대주택의 건설계획
5. 건축물의 높이 및 용적률 등에 관한 건축계획
6. 수용 또는 사용할 토지 · 물건 또는 권리의 세목과 그 소유자 및 권리자의 성명 · 주소
7. 그 밖에 빈집정비사업 시행을 위하여 필요한 사항으로서 대통령령으로 정하는

바에 따라 특별시 · 광역시 · 특별자치시 · 도 · 특별자치도 또는 「지방자치법」 제198조에 따른 서울특별시 · 광역시 및 특별자치시를 제외한 인구 50만 이상 대도시의 조례(이하 “시 · 도조례”라 한다)로 정하는 사항

제14조(준공인가 및 공사완료 고시)

① 사업시행자(사업시행자가 시장 · 군수등인 경우는 제외한다)가 제9조제2호 또는 제4호의 방법으로 빈집정비사업의 공사를 완료한 때에는 대통령령으로 정하는 방법 및 절차에 따라 시장 · 군수등에게 준공인가를 받아야 한다.

② 제1항에 따라 준공인가 신청을 받은 시장 · 군수등은 지체 없이 준공검사를 실시하여야 하며, 준공검사를 실시한 결과 빈집정비사업이 인가받은 사업시행계획대로 완료되었다고 인정되는 때에는 준공인가를 하고 공사의 완료를 해당 지방자치단체의 공보에 고시하여야 한다.

③ 시장 · 군수등은 제9조제2호 또는 제4호의 방법으로 직접 시행한 빈집정비사업의 공사를 완료한 때에는 그 완료를 해당 지방자치단체의 공보에 고시하여야 한다.

④ 제2항 및 제3항에 따라 공사완료를 고시하는 경우 시장 · 군수등이 제55조에 따라 의제되는 인가 · 허가 · 승인 · 신고 · 협의 또는 동의(이하 “인 · 허가등”이라 한다)에 따른 준공검사 · 준공인가 · 사용검사 · 사용승인 등(이하 “준공검사 · 인가등”이라 한다)에 관하여 관계 행정기관의 장과 협의한 사항은 해당 준공검사 · 인가등을 받은 것으로 본다.

제15조(빈집정보시스템의 구축)

① 시 · 도지사는 실태조사 결과를 토대로 빈집을 효율적으로 정비하기 위한 정보시스템(이하 “빈집정보시스템”이라 한다)을 구축할 수 있다.

② 빈집정보시스템은 「건축법」 제32조에 따른 전자정보처리 시스템과 연계할 수 있다.

③ 시 · 도지사는 빈집정보시스템 구축을 위하여 필요한 경우 관계 행정기관의 장 또는 공공기관의 장에게 대통령령으로 정하는 자료 또는 정보의 제공을 요청할 수 있다. 이 경우 요청을 받은 기관의 장은 특별한 사유가 없으면 이에 따라야 한다.

④ 시 · 도지사는 빈집정보시스템을 대통령령으로 정하는 전문기관이 구축 · 운영하게 할 수 있다.

⑤ 시 · 도지사는 안전사고나 범죄발생 등을 예방하기 위하여 필요한 경우에는 빈집정보시스템으로 처리한 빈집정보를 관계 행정기관의 장 또는 공공기관의 장에게 제공할 수 있다. 이 경우 빈집밀집구역에 관련된 정보로서 대통령령으로 정하는 정보는 관할 구역의 시 · 도경찰청장에게 지체 없이 제공하여야 한다. 〈개정 2019. 4. 23., 2020. 12. 22.〉

⑥ 시 · 도지사는 빈집을 활용하기 위한 목적의 범위에서 빈집의 소유자가 동의한 경우에 한정하여 빈집정보시스템으로 처리한 빈집정보를 인터넷과 그 밖의 방법을 병행하여 공개할 수 있다.

제3장 소규모주택정비사업

제1절 소규모주택정비사업의 시행방법 등

제16조(소규모주택정비사업의 시행방법)

① 자율주택정비사업은 제29조에 따른 사업시행계획인가를 받은 후에 사업시행자가 스스로 주택을 개량 또는 건설하는 방법으로 시행한다.

② 가로주택정비사업은 가로구역의 전부 또는 일부에서 제29조에 따라 인가받은 사업시행계획에 따라 주택 등을 건설하여 공급하거나 보전 또는 개량하는 방법으로 시행한다.

③ 소규모재건축사업은 제29조에 따라 인가받은 사업시행계획에 따라 주택, 부대시설·복리시설 및 오피스텔(「건축법」 제2조제2항에 따른 업무시설 중 오피스텔을 말한다)을 건설하여 공급하는 방법으로 시행한다. 다만, 주택단지에 위치하지 아니한 토지 또는 건축물이 다음 각 호의 어느 하나에 해당하는 경우로서 사업시행상 불가피한 경우에는 대통령령으로 정하는 편입 면적 내에서 해당 토지 또는 건축물을 포함하여 사업을 시행할 수 있다. 〈개정 2018. 3. 13., 2021. 10. 19.〉

1. 진입도로 등 정비기반시설 및 공동이용시설의 설치에 필요한 토지 또는 건축물
2. 건축행위가 불가능한 토지 또는 건축물
3. 시·도지사가 제27조에 따른 통합심의를 거쳐 부지의 정형화 등을 위하여 필요하다고 인정하는 토지 또는 건축물

④ 소규모재개발사업은 제29조에 따라 인가받은 사업시행계획에 따라 주택 등 건축물을 건설하여 공급하는 방법으로 시행한다. 〈신설 2021. 7. 20.〉

제17조(소규모주택정비사업의 시행자)

① 자율주택정비사업은 2명 이상의 토지등소유자가 직접 시행하거나 다음 각 호의 어느 하나에 해당하는 자와 공동으로 시행할 수 있다.

1. 시장·군수등
2. 토지주택공사등
3. 건설업자
4. 등록사업자

5. 신탁업자
6. 부동산투자회사

② 자율주택정비사업의 시행으로 「공공주택 특별법」 제2조제1호가목에 따른 공공임대주택(이하 "공공임대주택"이라 한다)의 비율(건축물의 전체 연면적 대비 공공임대주택의 연면적의 비율 또는 전체 세대수 대비 공공임대주택의 세대수의 비율을 말한다)이 50퍼센트 이상이 되도록 건설하는 경우에는 제1항에도 불구하고 토지등소유자 1명이 사업을 시행할 수 있으며, 제2조제1항제3호에 따른 지역 외에서도 사업을 시행할 수 있다. 〈개정 2019. 8. 20., 2021. 7. 20.〉

③ 가로주택정비사업, 소규모재건축사업 또는 소규모재개발사업은 다음 각 호의 어느 하나에 해당하는 방법으로 시행할 수 있다. 〈개정 2021. 7. 20.〉

1. 토지등소유자가 20명 미만인 경우에는 토지등소유자가 직접 시행하거나 해당 토지등소유자가 제1항 각 호의 어느 하나에 해당하는 자와 공동으로 시행하는 방법
2. 제23조에 따른 조합이 직접 시행하거나 해당 조합이 조합원의 과반수 동의를 받아 제1항 각 호의 어느 하나에 해당하는 자와 공동으로 시행하는 방법

제17조의2(소규모재개발사업의 시행예정구역 지정)

① 소규모재개발사업을 시행하려는 토지등소유자는 사업을 시행하려는 구역(이하 "사업시행예정구역"이라 한다)의 토지등소유자의 4분의 1 이상 동의를 받아 해당 사업시행예정구역의 지정(변경지정을 포함한다. 이하 같다)을 시장 · 군수등에게 제안하여야 한다.

② 토지등소유자는 제1항에 따라 사업시행예정구역의 지정을 제안하는 경우 다음 각 호의 사항과 관련된 자료와 그 밖에 국토교통부령으로 정하는 서류를 제출하여야 한다.

1. 사업시행예정구역 및 그 면적
2. 사업시행예정구역 내 기존 주택의 호수 · 세대수
3. 사업시행에 따른 건폐율 · 용적률 등 건축물의 밀도계획
4. 그 밖에 대통령령으로 정하는 사항

③ 시장 · 군수등은 사업시행예정구역을 지정하려면 주민에게 서면으로 통보한 후 주민설명회를 개최하고 30일 이상 주민에게 공람하여 의견을 들어야 하며, 제시된 의견

이 타당하다고 인정되면 이를 사업시행계획에 반영하여야 한다.

④ 시장·군수등은 제3항에 따른 주민 공람과 함께 지방의회 및 시·도지사의 의견을 들어야 한다. 이 경우 지방의회 및 시·도지사는 시장·군수등이 주민에게 공람한 날부터 60일 이내에 의견을 제시하여야 하며, 의견제시 없이 60일이 지난 경우 이의가 없는 것으로 본다.

⑤ 제3항 및 제4항에도 불구하고 대통령령으로 정하는 경미한 사항을 변경하는 경우에는 주민에 대한 서면 통보, 주민설명회, 주민 공람과 지방의회 및 시·도지사의 의견청취 절차를 거치지 아니할 수 있다.

⑥ 시장·군수등은 제1항에 따라 제안된 사업시행예정구역을 지정한 때에는 사업시행예정구역 지정의 내용을 해당 지방자치단체의 공보에 고시하여야 한다.

⑦ 제6항에 따라 사업시행예정구역의 지정에 대한 고시가 있은 날부터 1년 이내에 제18조 또는 제19조에 따른 사업시행자의 지정, 제22조에 따른 주민합의체 구성의 신고 또는 제23조에 따른 조합설립인가를 신청하지 아니한 때에는 해당 고시가 있은 날부터 1년이 지난 다음 날에 그 사업시행예정구역의 지정이 취소된 것으로 본다.

⑧ 그 밖에 소규모재개발사업의 사업시행예정구역에 대한 검토 기준·절차 및 방법 등에 필요한 사항은 대통령령으로 정한다.
[본조신설 2021. 7. 20.]

제18조(소규모주택정비사업의 공공시행자 지정)

① 시장·군수등은 가로주택정비사업, 소규모재건축사업 또는 소규모재개발사업이 다음 각 호의 어느 하나에 해당하는 경우에는 제17조제3항에도 불구하고 직접 해당 사업을 시행하거나 토지주택공사등(토지주택공사등이 건설업자 또는 등록사업자와 공동으로 시행하는 경우를 포함한다. 이하 이 조 및 제20조에서 같다)을 사업시행자로 지정하여 해당 사업을 시행하게 할 수 있다. 〈개정 2021. 7. 20.〉

1. 천재지변, 「재난 및 안전관리 기본법」 제27조 또는 「시설물의 안전관리에 관한 특별법」 제14조에 따른 사용제한·사용금지, 그 밖의 불가피한 사유로 긴급하게 사업을 시행할 필요가 있는 경우

2. 토지등소유자가 제22조에 따른 주민합의체를 신고한 날 또는 조합이 제23조에 따른 조합설립인가를 받은 날부터 3년 이내에 제29조에 따른 사업시행계획인가를 신청하지 아니한 경우

3. 사업이 장기간 지연되거나 권리관계에 대한 분쟁 등으로 해당 조합 또는 토지등소유자가 시행하는 사업을 계속 추진하기 어려운 경우

4. 제54조제4항에 따라 사업시행계획인가가 취소된 경우

5. 사업시행구역의 국유지·공유지 면적 또는 국유지·공유지와 토지주택공사등이 소유한 토지를 합한 면적이 전체 토지면적의 2분의 1 이상으로서 토지등소유자 과반수가 시장·군수등 또는 토지주택공사등을 사업시행자로 지정하는 것에 동의하는 경우

6. 사업시행구역의 토지면적의 2분의 1 이상의 토지소유자와 토지등소유자의 3분의 2 이상에 해당하는 자가 시장·군수등 또는 토지주택공사등을 사업시행자로 지정할 것을 요청한 경우

② 시장·군수등은 제1항에 따라 직접 가로주택정비사업, 소규모재건축사업 또는 소규모재개발사업을 시행하거나 토지주택공사등을 사업시행자로 지정하는 때에는 사업시행구역 등 대통령령으로 정하는 사항을 해당 지방자치단체의 공보에 고시하여야 한다. 다만, 제1항제1호의 경우에는 토지등소유자에게 지체 없이 사업의 시행 사유·시기 및 방법 등을 통보하여야 한다. 〈개정 2021. 7. 20.〉

③ 제2항에 따라 사업시행자의 지정·고시가 있은 때에는 그 고시일 다음 날에 주민합의체의 신고 또는 조합설립인가가 취소된 것으로 본다.
[제목개정 2021. 7. 20.]

제18조(소규모주택정비사업의 공공시행자 지정)

① 시장·군수등은 가로주택정비사업, 소규모재건축사업 또는 소규모재개발사업이 다음 각 호의 어느 하나에 해당하는 경우에는 제17조제3항에도 불구하고 직접 해당 사업을 시행하거나 토지주택공사등(토지주택공사등이 건설업자 또는 등록사업자와 공동으로 시행하는 경우를 포함한다. 이하 이 조 및 제20조에서 같다)을 사업시행자로 지정하여 해당 사업을 시행하게 할 수 있다. 〈개정 2021. 7. 20., 2022. 2. 3.〉

1. 천재지변, 「재난 및 안전관리 기본법」 제27조 또는 「시설물의 안전 및 유지관리에 관한 특별법」 제23조에 따른 사용제한·사용금지, 그 밖의 불가피한 사유로 긴급하게 사업을 시행할 필요가 있는 경우

2. 토지등소유자가 제22조에 따른 주민합의체를 신고한 날 또는 조합이 제23조에 따른 조합설립인가를 받은 날부터 3년 이내에 제29조에 따른 사업시행계획인가를 신청하지 아니한 경우

3. 사업이 장기간 지연되거나 권리관계에 대한 분쟁 등으로 해당 조합 또는 토지등소유자가 시행하는 사업을 계속 추진하기 어려운 경우

4. 제54조제4항에 따라 사업시행계획인가가 취소된 경우

5. 사업시행구역의 국유지 · 공유지 면적 또는 국유지 · 공유지와 토지주택공사등이 소유한 토지를 합한 면적이 전체 토지면적의 2분의 1 이상으로서 토지등소유자 과반수가 시장 · 군수등 또는 토지주택공사등을 사업시행자로 지정하는 것에 동의하는 경우

6. 사업시행구역의 토지면적의 2분의 1 이상의 토지소유자와 토지등소유자의 3분의 2 이상에 해당하는 자가 시장 · 군수등 또는 토지주택공사등을 사업시행자로 지정할 것을 요청한 경우

② 시장 · 군수등은 제1항에 따라 직접 가로주택정비사업, 소규모재건축사업 또는 소규모재개발사업을 시행하거나 토지주택공사등을 사업시행자로 지정하는 때에는 14일 이상 주민 공람을 거쳐 의견을 수렴하고 사업시행구역 등 대통령령으로 정하는 사항을 해당 지방자치단체의 공보에 고시하여야 한다. 다만, 제1항제1호의 경우에는 토지등소유자에게 지체 없이 사업의 시행 사유 · 시기 및 방법 등을 통보하여야 한다. 〈개정 2021. 7. 20., 2022. 2. 3.〉

③ 제2항에 따라 사업시행자의 지정 · 고시가 있은 때에는 그 고시일 다음 날에 주민합의체의 신고 또는 조합설립인가가 취소된 것으로 본다.
[제목개정 2021. 7. 20.]
[시행일: 2022. 8. 4.] 제18조

제19조(소규모주택정비사업의 지정개발자 지정)

① 시장 · 군수등은 가로주택정비사업, 소규모재건축사업 또는 소규모재개발사업의 조합설립을 위하여 제23조에 따른 조합설립 동의요건 이상에 해당하는 자가 대통령령으로 정하는 요건을 갖춘 신탁업자(이하 "지정개발자"라 한다)를 사업시행자로 지정하는 것에 동의하는 때에는 지정개발자를 사업시행자로 지정하여 해당 사업을 시행하게 할 수 있다. 〈개정 2021. 7. 20.〉

② 시장 · 군수등은 제1항에 따라 지정개발자를 사업시행자로 지정하는 때에는 사업시행구역 등 대통령령으로 정하는 사항을 해당 지방자치단체의 공보에 고시하여야 한다.

③ 지정개발자는 제1항에 따른 사업시행자 지정에 필요한 동의를 받기 전에 다음 각 호에 관한 사항을 토지등소유자에게 제공하여야 한다.

1. 토지등소유자별 분담금 추산액 및 산출근거
2. 그 밖에 추정분담금의 산출 등과 관련하여 시 · 도조례로 정하는 사항

④ 제2항에 따른 사업시행자의 지정 · 고시가 있은 때에는 그 고시일 다음 날에 주민합의체의 신고 또는 조합설립인가가 취소된 것으로 본다.
[제목개정 2021. 7. 20.]

제19조(소규모주택정비사업의 지정개발자 지정)

① 시장 · 군수등은 가로주택정비사업, 소규모재건축사업 또는 소규모재개발사업의 조합설립을 위하여 제23조에 따른 조합설립 동의요건 이상에 해당하는 자가 대통령령으로 정하는 요건을 갖춘 신탁업자(이하 "지정개발자"라 한다)를 사업시행자로 지정하는 것에 동의하는 때에는 지정개발자를 사업시행자로 지정하여 해당 사업을 시행하게 할 수 있다. 〈개정 2021. 7. 20.〉

② 시장 · 군수등은 제1항에 따라 지정개발자를 사업시행자로 지정하는 때에는 14일 이상 주민 공람을 거쳐 의견을 수렴하고 사업시행구역 등 대통령령으로 정하는 사항을 해당 지방자치단체의 공보에 고시하여야 한다. 〈개정 2022. 2. 3.〉

③ 지정개발자는 제1항에 따른 사업시행자 지정에 필요한 동의를 받기 전에 다음 각 호에 관한 사항을 토지등소유자에게 제공하여야 한다.

1. 토지등소유자별 분담금 추산액 및 산출근거
2. 그 밖에 추정분담금의 산출 등과 관련하여 시 · 도조례로 정하는 사항

④ 제2항에 따른 사업시행자의 지정 · 고시가 있은 때에는 그 고시일 다음 날에 주민합의체의 신고 또는 조합설립인가가 취소된 것으로 본다.
[제목개정 2021. 7. 20.]
[시행일: 2022. 8. 4.] 제19조

제20조(시공자의 선정 등)

① 토지등소유자는 소규모주택정비사업을 시행하는 경우 제22조에 따라 주민합의체를 신고한 후 주민합의서에서 정하는 바에 따라 건설업자 또는 등록사업자를 시공자로 선정하여야 한다.

② 조합은 소규모주택정비사업을 시행하는 경우 조합설립인가를 받은 후 조합 총회(시장 · 군수등 또는 토지주택공사등과 공동으로 사업을 시행하는 경우에는 조합원의 과반수 동의로 조합 총회 의결을 갈음할 수 있다)에서 국토교통부장관이 정하는 경쟁입찰 또는 수의계약(2회 이상 경쟁입찰이 유찰된 경우로 한정한다)의 방법으로 건설업자 또는 등록사업자를 시공자로 선정하여야 한다. 다만, 대통령령으로 정하는 규모 이하의 소규모주택정비사업은 조합 총회에서 정관으로 정하는 바에 따라 선정할 수 있다. 〈개정 2020. 8. 18.〉

③ 사업시행자는 시장 · 군수등이 제18조제1항에 따라 직접 사업을 시행하거나 토지주택공사등을 사업시행자로 지정하는 경우 또는 제19조제1항에 따라 지정개발자를 사업시행자로 지정하여 사업을 시행하게 하는 경우 제18조제2항 및 제19조제2항에 따른 고시가 있은 후 건설업자 또는 등록사업자를 시공자로 선정하여야 한다.

④ 제25조제2항 또는 제3항에 따른 주민대표회의 또는 토지등소유자 전체회의는 제3항에 따라 시공자를 선정하는 경우 대통령령으로 정하는 경쟁입찰 또는 수의계약(2회 이상 경쟁입찰이 유찰된 경우로 한정한다)의 방법으로 시공자를 추천할 수 있다. 다만, 대통령령으로 정하는 규모 이하의 소규모주택정비사업은 주민대표회의 또는 토지등소유자 전체회의에서 별도로 정하는 바에 따라 선정할 수 있다.

⑤ 사업시행자는 제4항에 따라 주민대표회의 또는 토지등소유자 전체회의가 시공자를 추천한 경우 추천받은 자를 시공자로 선정하여야 한다.

⑥ 다음 각 호의 어느 하나에 해당하는 경우 시공자와의 계약에 관하여는 「지방자치단체를 당사자로 하는 계약에 관한 법률」 제9조 및 「공공기관의 운영에 관한 법률」 제39조를 적용하지 아니한다.

1. 제17조제1항 및 제3항에 따라 시장 · 군수등 또는 토지주택공사등이 소규모주택정비사업을 공동으로 시행하는 경우 ₩

2. 제5항에 따라 주민대표회의 또는 토지등소유자 전체회의가 추천한 시공자를 선정하는 경우

⑦ 사업시행자는 제1항부터 제6항까지에 따라 선정된 시공자와 공사에 관한 계약을 체결하는 때에는 기존 건축물의 철거 공사(「석면안전관리법」에 따른 석면 조사·해체·제거를 포함한다)에 관한 사항을 포함하여야 한다.

⑧ 조합 또는 토지등소유자가 소규모주택정비사업의 시행을 위하여 시장·군수등 또는 토지주택공사등이 아닌 자를 시공자로 선정(제17조제1항 및 제3항에 따른 공동 사업시행자가 시공하는 경우를 포함한다)한 경우 그 시공자는 공사의 시공보증을 위하여 시공보증서를 조합 또는 토지등소유자에게 제출하여야 한다. 〈개정 2020. 6. 9.〉

제20조(시공자의 선정 등)

① 토지등소유자는 소규모주택정비사업을 시행하는 경우 제22조에 따라 주민합의체를 신고한 후 주민합의서에서 정하는 바에 따라 건설업자 또는 등록사업자를 시공자로 선정하여야 한다.

② 조합은 소규모주택정비사업을 시행하는 경우 조합설립인가를 받은 후 조합 총회(시장·군수등 또는 토지주택공사등과 공동으로 사업을 시행하는 경우에는 조합원의 과반수 동의로 조합 총회 의결을 갈음할 수 있다)에서 국토교통부장관이 정하여 고시하는 경쟁입찰 또는 수의계약(2회 이상 경쟁입찰이 유찰된 경우로 한정한다)의 방법으로 건설업자 또는 등록사업자를 시공자로 선정하여야 한다. 다만, 대통령령으로 정하는 규모 이하의 소규모주택정비사업은 조합 총회에서 정관으로 정하는 바에 따라 선정할 수 있다. 〈개정 2020. 8. 18., 2022. 2. 3.〉

③ 사업시행자는 시장·군수등이 제18조제1항에 따라 직접 사업을 시행하거나 토지주택공사등을 사업시행자로 지정하는 경우 또는 제19조제1항에 따라 지정개발자를 사업시행자로 지정하여 사업을 시행하게 하는 경우 제18조제2항 및 제19조제2항에 따른 고시가 있은 후 건설업자 또는 등록사업자를 시공자로 선정하여야 한다.

④ 제25조제2항 또는 제3항에 따른 주민대표회의 또는 토지등소유자 전체회의는 제3항에 따라 시공자를 선정하는 경우 대통령령으로 정하는 경쟁입찰 또는 수의계약(2회

이상 경쟁입찰이 유찰된 경우로 한정한다)의 방법으로 시공자를 추천할 수 있다. 다만, 대통령령으로 정하는 규모 이하의 소규모주택정비사업은 주민대표회의 또는 토지등소유자 전체회의에서 별도로 정하는 바에 따라 선정할 수 있다.

⑤ 사업시행자는 제4항에 따라 주민대표회의 또는 토지등소유자 전체회의가 시공자를 추천한 경우 추천받은 자를 시공자로 선정하여야 한다.

⑥ 다음 각 호의 어느 하나에 해당하는 경우 시공자와의 계약에 관하여는 「지방자치단체를 당사자로 하는 계약에 관한 법률」 제9조 및 「공공기관의 운영에 관한 법률」 제39조를 적용하지 아니한다.

1. 제17조제1항 및 제3항에 따라 시장 · 군수등 또는 토지주택공사등이 소규모주택정비사업을 공동으로 시행하는 경우
2. 제5항에 따라 주민대표회의 또는 토지등소유자 전체회의가 추천한 시공자를 선정하는 경우

⑦ 사업시행자는 제1항부터 제6항까지에 따라 선정된 시공자와 공사에 관한 계약을 체결하는 때에는 기존 건축물의 철거 공사(「석면안전관리법」에 따른 석면 조사 · 해체 · 제거를 포함한다)에 관한 사항을 포함하여야 한다.

⑧ 조합 또는 토지등소유자가 소규모주택정비사업의 시행을 위하여 시장 · 군수등 또는 토지주택공사등이 아닌 자를 시공자로 선정(제17조제1항 및 제3항에 따른 공동 사업시행자가 시공하는 경우를 포함한다)한 경우 그 시공자는 공사의 시공보증을 위하여 시공보증서를 조합 또는 토지등소유자에게 제출하여야 한다. 〈개정 2020. 6. 9.〉
[시행일: 2022. 8. 4.] 제20조

제21조(정비사업전문관리업자의 선정 등)

① 주민합의체는 「도시 및 주거환경정비법」 제102조에 따른 정비사업전문관리업자(이하 "정비사업전문관리업자"라 한다)를 선정하는 경우 주민합의서로 정하는 바에 따라 선정하여야 한다.

② 조합은 정비사업전문관리업자를 선정하는 경우 조합 총회(시장 · 군수등 또는 토지

주택공사등과 공동으로 사업을 시행하는 경우에는 조합원의 과반수 동의로 조합 총회 의결을 갈음할 수 있다)에서 국토교통부장관이 정하는 경쟁입찰 또는 수의계약(2회 이상 경쟁입찰이 유찰된 경우로 한정한다)의 방법으로 선정하여야 한다. 〈개정 2020. 8. 18.〉

③ 조합은 설계자 또는 「감정평가 및 감정평가사에 관한 법률」에 따른 감정평가법인등(시장 · 군수등이 선정 · 계약하는 감정평가법인등은 제외한다)을 선정 및 변경하는 경우 조합 총회(시장 · 군수등 또는 토지주택공사등과 공동으로 사업을 시행하는 경우에는 조합원의 과반수 동의로 조합 총회 의결을 갈음할 수 있다)의 의결을 거쳐야 한다. 〈신설 2020. 8. 18.〉
[제목개정 2020. 8. 18.]

제21조(정비사업전문관리업자의 선정 등)

① 주민합의체는 「도시 및 주거환경정비법」 제102조에 따른 정비사업전문관리업자(이하 "정비사업전문관리업자"라 한다)를 선정하는 경우 주민합의서로 정하는 바에 따라 선정하여야 한다.

② 조합은 정비사업전문관리업자를 선정하는 경우 조합 총회(시장 · 군수등 또는 토지주택공사등과 공동으로 사업을 시행하는 경우에는 조합원의 과반수 동의로 조합 총회 의결을 갈음할 수 있다)에서 국토교통부장관이 정하여 고시하는 경쟁입찰 또는 수의계약(2회 이상 경쟁입찰이 유찰된 경우로 한정한다)의 방법으로 선정하여야 한다. 〈개정 2020. 8. 18., 2022. 2. 3.〉

③ 조합은 설계자 또는 「감정평가 및 감정평가사에 관한 법률」에 따른 감정평가법인등(시장 · 군수등이 선정 · 계약하는 감정평가법인등은 제외한다)을 선정 및 변경하는 경우 조합 총회(시장 · 군수등 또는 토지주택공사등과 공동으로 사업을 시행하는 경우에는 조합원의 과반수 동의로 조합 총회 의결을 갈음할 수 있다)의 의결을 거쳐야 한다. 〈신설 2020. 8. 18.〉

[제목개정 2020. 8. 18.]
[시행일: 2022. 8. 4.] 제21조

제2절 주민합의체의 구성 및 조합의 설립

제22조(주민합의체의 구성 등)

① 토지등소유자는 다음 각 호에 따라 소규모주택정비사업을 시행하는 경우 토지등소유자 전원의 합의를 거쳐 주민합의체를 구성하여야 한다.

1. 제17조제1항에 따라 자율주택정비사업을 시행하는 경우로서 토지등소유자가 2명 이상인 경우

2. 제17조제3항제1호에 따라 가로주택정비사업 또는 소규모재건축사업을 시행하는 경우로서 토지등소유자가 20명 미만인 경우

② 제17조제3항제1호에 따라 소규모재개발사업을 시행하는 경우에는 토지등소유자의 10분의 8 이상 및 토지면적의 3분의 2 이상의 토지소유자 동의(국유지 · 공유지가 포함된 경우에는 해당 토지의 관리청이 해당 토지를 사업시행자에게 매각하거나 양여할 것을 확인한 서류를 시장 · 군수등에게 제출하는 경우에는 동의한 것으로 본다. 이하 제3항에서 같다)를 받아 주민합의체를 구성하여야 한다. 이 경우 주민합의체의 구성에 동의하지 아니한 토지등소유자도 주민합의체 구성원으로 포함하여야 한다. 〈신설 2021. 7. 20.〉

③ 제1항제1호에도 불구하고 관리지역에서 시행하는 자율주택정비사업의 경우에는 토지등소유자의 10분의 8 이상 및 토지면적의 3분의 2 이상의 토지소유자 동의를 받아 주민합의체를 구성할 수 있다. 이 경우 주민합의체의 구성에 동의하지 아니한 토지등소유자도 주민합의체 구성원으로 포함하여야 한다. 〈신설 2021. 7. 20.〉

④ 사업시행구역의 공동주택은 각 동(복리시설의 경우에는 주택단지의 복리시설 전체를 하나의 동으로 본다)별 구분소유자의 과반수 동의(공동주택의 각 동별 구분소유자가 5명 이하인 경우는 제외한다)를, 그 외의 토지 또는 건축물은 해당 토지 또는 건축물이 소재하는 전체 토지면적의 2분의 1 이상의 토지소유자 동의를 받아야 한다. 〈신설 2021. 7. 20.〉

⑤ 토지등소유자는 주민합의체를 구성하는 경우 토지등소유자 전원의 합의(제2항 및 제3항에 따라 주민합의체를 구성하는 경우에는 토지등소유자의 10분의 8 이상 및 토지면적의 3분의 2 이상의 토지소유자 동의를 말한다)로 주민합의체 대표자를 선임하

고 국토교통부령으로 정하는 바에 따라 주민합의서를 작성하여 시장·군수등에게 신고하여야 한다. 〈개정 2021. 7. 20.〉

⑥ 제5항에 따른 주민합의서는 다음 각 호의 사항을 포함하여야 한다. 〈개정 2021. 7. 20.〉

1. 주민합의체의 명칭
2. 사업시행구역의 위치 및 범위
3. 주민합의체의 목적 및 사업 내용
4. 주민합의체를 구성하는 자의 성명, 주소 및 생년월일(법인, 법인 아닌 사단이나 재단 및 외국인의 경우에는 「부동산등기법」 제49조에 따라 부여된 등록번호를 말한다. 이하 같다)
5. 주민합의체 대표자의 성명, 주소 및 생년월일
6. 시공자 또는 정비사업전문관리업자의 선정 및 변경 방법
7. 주민합의체의 의결사항 및 의결방법
8. 그 밖에 주민합의체의 구성 및 운영에 필요한 사항으로서 시·도조례로 정하는 사항

⑦ 주민합의체 대표자는 제5항에 따라 신고한 사항을 변경하는 경우에는 국토교통부령으로 정하는 바에 따라 변경신고를 하여야 한다. 다만, 대통령령으로 정하는 경미한 사항을 변경하는 경우에는 그러하지 아니하다. 〈개정 2021. 7. 20.〉

⑧ 주민합의체 대표자는 주민합의체를 해산하는 경우에는 주민합의체를 구성하는 자의 과반수 동의를 받아 국토교통부령으로 정하는 바에 따라 해산신고를 시장·군수등에게 하여야 한다. 〈개정 2021. 7. 20.〉

⑨ 토지등소유자의 자격 등에 관하여는 제24조를 준용한다. 이 경우 "조합설립인가"는 "주민합의체 구성의 신고"로 본다. 〈신설 2021. 7. 20.〉

제22조(주민합의체의 구성 등)

① 토지등소유자는 다음 각 호에 따라 소규모주택정비사업을 시행하는 경우 토지등소유자 전원의 합의를 거쳐 주민합의체를 구성하여야 한다.

1. 제17조제1항에 따라 자율주택정비사업을 시행하는 경우로서 토지등소유자가 2

명 이상인 경우

2. 제17조제3항제1호에 따라 가로주택정비사업 또는 소규모재건축사업을 시행하는 경우로서 토지등소유자가 20명 미만인 경우

② 제17조제3항제1호에 따라 소규모재개발사업을 시행하는 경우에는 토지등소유자의 10분의 8 이상 및 토지면적의 3분의 2 이상의 토지소유자 동의(국유지 · 공유지가 포함된 경우에는 해당 토지의 관리청이 해당 토지를 사업시행자에게 매각하거나 양여할 것을 확인한 서류를 시장 · 군수등에게 제출하는 경우에는 동의한 것으로 본다. 이하 제3항에서 같다)를 받아 주민합의체를 구성하여야 한다. 이 경우 주민합의체의 구성에 동의하지 아니한 토지등소유자도 주민합의체 구성원으로 포함하여야 한다. 〈신설 2021. 7. 20.〉

③ 제1항제1호에도 불구하고 관리지역에서 시행하는 자율주택정비사업의 경우에는 토지등소유자의 10분의 8 이상 및 토지면적의 3분의 2 이상의 토지소유자 동의를 받아 주민합의체를 구성할 수 있다. 이 경우 주민합의체의 구성에 동의하지 아니한 토지등소유자도 주민합의체 구성원으로 포함하여야 한다. 〈신설 2021. 7. 20.〉

④ 사업시행구역의 공동주택은 각 동(복리시설의 경우에는 주택단지의 복리시설 전체를 하나의 동으로 본다)별 구분소유자의 과반수 동의(공동주택의 각 동별 구분소유자가 5명 이하인 경우는 제외한다)를, 그 외의 토지 또는 건축물은 해당 토지 또는 건축물이 소재하는 전체 토지면적의 2분의 1 이상의 토지소유자 동의를 받아야 한다. 〈신설 2021. 7. 20.〉

⑤ 토지등소유자는 주민합의체를 구성하는 경우 토지등소유자 전원의 합의(제2항 및 제3항에 따라 주민합의체를 구성하는 경우에는 토지등소유자의 10분의 8 이상 및 토지면적의 3분의 2 이상의 토지소유자 동의를 말한다)로 주민합의체 대표자를 선임하고 국토교통부령으로 정하는 바에 따라 주민합의서를 작성하여 시장 · 군수등에게 신고하여야 한다. 〈개정 2021. 7. 20.〉

⑥ 제5항에 따른 주민합의서는 다음 각 호의 사항을 포함하여야 한다. 〈개정 2021. 7. 20.〉

1. 주민합의체의 명칭

2. 사업시행구역의 위치 및 범위

3. 주민합의체의 목적 및 사업 내용

4. 주민합의체를 구성하는 자의 성명, 주소 및 생년월일(법인, 법인 아닌 사단이나 재단 및 외국인의 경우에는 「부동산등기법」 제49조에 따라 부여된 등록번호를 말한다. 이하 같다)

5. 주민합의체 대표자의 성명, 주소 및 생년월일

6. 시공자 또는 정비사업전문관리업자의 선정 및 변경 방법

7. 주민합의체의 의결사항 및 의결방법

8. 그 밖에 주민합의체의 구성 및 운영에 필요한 사항으로서 시·도조례로 정하는 사항

⑦ 주민합의체 대표자는 제5항에 따라 신고한 사항을 변경하는 경우에는 국토교통부령으로 정하는 바에 따라 변경신고를 하여야 한다. 다만, 대통령령으로 정하는 경미한 사항을 변경하는 경우에는 그러하지 아니하다. 〈개정 2021. 7. 20.〉

⑧ 주민합의체 대표자는 주민합의체를 해산하는 경우에는 주민합의체를 구성하는 자의 과반수 동의를 받아 국토교통부령으로 정하는 바에 따라 해산신고를 시장·군수등에게 하여야 한다. 〈개정 2021. 7. 20.〉

⑨ 시장·군수등은 제5항에 따라 주민합의체 구성의 신고(제7항에 따라 신고한 사항을 변경하는 경우를 포함한다)가 있거나 제8항에 따라 해산신고가 있는 때에는 14일 이상 주민 공람을 거쳐 의견을 수렴하고 해당 지방자치단체의 공보에 해당 내용을 고시하여야 한다. 〈신설 2022. 2. 3.〉

⑩ 토지등소유자의 자격 등에 관하여는 제24조를 준용한다. 이 경우 "조합설립인가"는 "주민합의체 구성의 신고"로 본다. 〈신설 2021. 7. 20., 2022. 2. 3.〉

[시행일: 2022. 8. 4.] 제22조

제23조(조합설립인가 등)

① 가로주택정비사업의 토지등소유자는 조합을 설립하는 경우 토지등소유자의 10분의 8 이상 및 토지면적의 3분의 2 이상의 토지소유자 동의를 받아 다음 각 호의 사항을 첨부하여 시장·군수등의 인가를 받아야 한다. 이 경우 사업시행구역의 공동주택은

각 동(복리시설의 경우에는 주택단지의 복리시설 전체를 하나의 동으로 본다)별 구분소유자의 과반수 동의(공동주택의 각 동별 구분소유자가 5명 이하인 경우는 제외한다)를, 공동주택 외의 건축물은 해당 건축물이 소재하는 전체 토지면적의 2분의 1 이상의 토지소유자 동의를 받아야 한다.

1. 정관

2. 공사비 등 소규모주택정비사업에 드는 비용(이하 "정비사업비"라 한다)과 관련된 자료 등 국토교통부령으로 정하는 서류

3. 그 밖에 시·도조례로 정하는 서류

② 소규모재건축사업의 토지등소유자는 조합을 설립하는 경우 주택단지의 공동주택의 각 동(복리시설의 경우에는 주택단지의 복리시설 전체를 하나의 동으로 본다)별 구분소유자의 과반수 동의(공동주택의 각 동별 구분소유자가 5명 이하인 경우는 제외한다)와 주택단지의 전체 구분소유자의 4분의 3 이상 및 토지면적의 4분의 3 이상의 토지소유자 동의를 받아 제1항 각 호의 사항을 첨부하여 시장·군수등의 인가를 받아야 한다.

③ 토지등소유자는 제2항에도 불구하고 주택단지가 아닌 지역이 사업시행구역에 포함된 경우 주택단지가 아닌 지역의 토지 또는 건축물 소유자의 4분의 3 이상 및 토지면적의 3분의 2 이상의 토지소유자의 동의를 받아야 한다.

④ 소규모재개발사업의 토지등소유자는 조합을 설립하는 경우 토지등소유자의 10분의 8 이상 및 토지면적의 3분의 2 이상의 토지소유자 동의를 받아 제1항 각 호의 사항을 첨부하여 시장·군수등의 인가를 받아야 한다. 〈신설 2021. 7. 20.〉

⑤ 제1항·제2항 또는 제4항에 따라 설립된 조합은 인가받은 사항을 변경하는 경우 조합 총회에서 조합원의 3분의 2 이상의 찬성으로 의결한 후 제1항 각 호의 사항을 첨부하여 시장·군수등의 인가를 받아야 한다. 다만, 대통령령으로 정하는 경미한 사항을 변경하는 경우에는 조합 총회의 의결 없이 시장·군수등에게 신고한 후 변경할 수 있다. 〈개정 2021. 7. 20.〉

⑥ 조합이 가로주택정비사업, 소규모재건축사업 또는 소규모재개발사업을 시행하는 경우 「주택법」 제54조를 적용할 때에는 해당 조합을 같은 법 제2조제10호에 따른 사

업주체로 보며, 조합설립인가를 받은 날에 같은 법 제4조에 따른 주택건설사업 등의 등록을 한 것으로 본다. 〈개정 2021. 7. 20.〉

⑦ 조합은 법인으로 하며, 조합에는 조합원으로 구성되는 총회를 두고 총회의 소집 절차 · 시기 등은 정관으로 정한다. 조합에 관하여는 이 법에 규정된 것을 제외하고는 「민법」 중 사단법인에 관한 규정을 준용한다. 〈개정 2021. 7. 20.〉

⑧ 제1항부터 제5항까지에 따른 토지등소유자에 대한 동의의 대상 및 절차, 인가 변경 등에 필요한 사항은 대통령령으로 정한다. 〈개정 2021. 7. 20.〉

제23조(조합설립인가 등)

① 가로주택정비사업의 토지등소유자는 조합을 설립하는 경우 토지등소유자의 10분의 8 이상 및 토지면적의 3분의 2 이상의 토지소유자 동의를 받은 후 조합설립을 위한 창립총회(이하 "창립총회"라 한다)를 개최하고 다음 각 호의 사항을 첨부하여 시장 · 군수등의 인가를 받아야 한다. 이 경우 사업시행구역의 공동주택은 각 동(복리시설의 경우에는 주택단지의 복리시설 전체를 하나의 동으로 본다)별 구분소유자의 과반수 동의(공동주택의 각 동별 구분소유자가 5명 이하인 경우는 제외한다)를, 그 외의 토지 또는 건축물은 해당 토지 또는 건축물이 소재하는 전체 토지면적의 2분의 1 이상의 토지소유자 동의를 받아야 한다. 〈개정 2022. 2. 3.〉

1. 정관
2. 공사비 등 소규모주택정비사업에 드는 비용(이하 "정비사업비"라 한다)과 관련된 자료 등 국토교통부령으로 정하는 서류
3. 그 밖에 시 · 도조례로 정하는 서류

② 소규모재건축사업의 토지등소유자는 조합을 설립하는 경우 주택단지의 공동주택의 각 동(복리시설의 경우에는 주택단지의 복리시설 전체를 하나의 동으로 본다)별 구분소유자의 과반수 동의(공동주택의 각 동별 구분소유자가 5명 이하인 경우는 제외한다)와 주택단지의 전체 구분소유자의 4분의 3 이상 및 토지면적의 4분의 3 이상의 토지소유자 동의를 받은 후 창립총회를 개최하고 제1항 각 호의 사항을 첨부하여 시장 · 군수등의 인가를 받아야 한다. 〈개정 2022. 2. 3.〉

③ 토지등소유자는 제2항에도 불구하고 주택단지가 아닌 지역이 사업시행구역에 포함

된 경우 주택단지가 아닌 지역의 토지 또는 건축물 소유자의 4분의 3 이상 및 토지면적의 3분의 2 이상의 토지소유자의 동의를 받아야 한다.

④ 소규모재개발사업의 토지등소유자는 조합을 설립하는 경우 토지등소유자의 10분의 8 이상 및 토지면적의 3분의 2 이상의 토지소유자 동의를 받은 후 창립총회를 개최하고 제1항 각 호의 사항을 첨부하여 시장·군수등의 인가를 받아야 한다. 〈신설 2021. 7. 20., 2022. 2. 3.〉

⑤ 제1항·제2항 또는 제4항에 따라 설립된 조합은 인가받은 사항을 변경하는 경우 조합 총회에서 조합원의 3분의 2 이상의 찬성으로 의결한 후 제1항 각 호의 사항을 첨부하여 시장·군수등의 인가를 받아야 한다. 다만, 대통령령으로 정하는 경미한 사항을 변경하는 경우에는 조합 총회의 의결 없이 시장·군수등에게 신고한 후 변경할 수 있다. 〈개정 2021. 7. 20.〉

⑥ 조합이 가로주택정비사업, 소규모재건축사업 또는 소규모재개발사업을 시행하는 경우 「주택법」 제54조를 적용할 때에는 해당 조합을 같은 법 제2조제10호에 따른 사업주체로 보며, 조합설립인가를 받은 날에 같은 법 제4조에 따른 주택건설사업 등의 등록을 한 것으로 본다. 〈개정 2021. 7. 20.〉

⑦ 조합은 법인으로 하며, 조합에는 조합원으로 구성되는 총회를 두고 총회의 소집 절차·시기 등은 정관으로 정한다. 조합에 관하여는 이 법에 규정된 것을 제외하고는 「민법」 중 사단법인에 관한 규정을 준용한다. 〈개정 2021. 7. 20.〉

⑧ 시장·군수등은 제1항, 제2항 또는 제4항에 따라 조합설립인가(제5항에 따라 인가받은 사항을 변경하는 경우를 포함한다)를 하는 때에는 14일 이상 주민 공람을 거쳐 의견을 수렴하고 사업시행구역 등 대통령령으로 정하는 사항을 해당 지방자치단체의 공보에 고시하여야 한다. 〈신설 2022. 2. 3.〉

⑨ 제1항부터 제5항까지에 따른 토지등소유자에 대한 동의의 대상 및 절차, 창립총회의 방법 및 절차, 조합설립인가 및 그 변경 등에 필요한 사항은 대통령령으로 정한다. 〈개정 2021. 7. 20., 2022. 2. 3.〉
[시행일: 2022. 8. 4.] 제23조

제23조의2(조합설립인가의 취소 등)

① 조합이 설립된 사업시행구역에서 조합원 과반수의 동의로 조합의 해산을 요청하는 경우(사업시행계획인가를 신청하지 아니한 경우로 한정한다) 시장 · 군수등은 조합설립인가를 취소하여야 한다.

② 시장 · 군수등은 다음 각 호의 어느 하나에 해당하는 경우 업무의 시정, 조합의 해산 등 필요한 조치를 명하거나 조합설립인가를 취소할 수 있다.

1. 제23조에 따른 조합설립인가를 받은 날부터 2년 이내에 제26조에 따른 건축심의 또는 제27조에 따른 통합심의를 신청하지 아니한 경우
2. 제23조에 따른 조합설립인가를 받은 날부터 3년 이내에 제29조에 따른 사업시행계획인가를 신청하지 아니한 경우
3. 제40조제2항에 따른 이전고시가 있은 날부터 1년이 되는 날까지 제41조에 따른 청산 절차를 이행하지 아니하는 경우

③ 시장 · 군수등은 제1항 또는 제2항에 따라 조합설립인가를 취소하는 경우에는 그 내용을 해당 지방자치단체의 공보에 고시하여야 한다.

④ 제1항 또는 제2항에 따른 조합설립인가 취소의 절차, 방법 등에 필요한 사항은 대통령령으로 정한다.

[본조신설 2022. 2. 3.]

[시행일: 2022. 8. 4.] 제23조의2

제23조의3(행위제한 등)

① 소규모주택정비사업의 사업시행구역에서 다음 각 호의 다음 날부터 건축물의 건축, 공작물의 설치, 토지의 형질변경, 토석의 채취, 토지의 분할 · 합병, 물건을 쌓아 놓는 행위 등 그 밖에 대통령령으로 정하는 행위를 하려는 자는 시장 · 군수등의 허가를 받아야 하고, 허가받은 사항을 변경하려는 경우에도 또한 같다. 다만, 제18조 또는 제19조에 따른 공공시행자 또는 지정개발자의 지정이 취소되거나 제22조제8항에 따라 주민합의체가 해산되는 경우 또는 제23조의2에 따라 조합설립인가가 취소되는 경우에는 그러하지 아니하다.

1. 제18조제2항 및 제19조제2항에 따른 공공시행자 및 지정개발자의 지정 고시가 있은 날

2. 제22조제9항에 따른 주민합의체 구성 고시가 있은 날
3. 제23조제8항에 따른 조합설립인가 고시가 있은 날

② 다음 각 호의 어느 하나에 해당하는 행위는 제1항에도 불구하고 허가를 받지 아니하고 할 수 있다.
1. 재해복구 또는 재난수습에 필요한 응급조치를 위한 행위
2. 기존 건축물의 붕괴 등 안전사고의 우려가 있는 경우 해당 건축물에 대한 안전조치를 위한 행위
3. 그 밖에 대통령령으로 정하는 행위

③ 제1항에 따라 허가를 받아야 하는 행위로서 제1항 각 호에 따른 고시 당시 이미 관계 법령에 따라 행위허가를 받았거나 허가를 받을 필요가 없는 행위에 관하여 그 공사 또는 사업에 착수한 자는 대통령령으로 정하는 바에 따라 시장·군수등에게 신고한 후 이를 계속 시행할 수 있다.

④ 시장·군수등은 제1항을 위반한 자에게 원상회복을 명할 수 있나. 이 경우 명령을 받은 자가 그 의무를 이행하지 아니하는 때에는 시장·군수등은 「행정대집행법」에 따라 대집행할 수 있다.

⑤ 제1항에 따른 허가에 관하여 이 법에 규정된 사항을 제외하고는 「국토의 계획 및 이용에 관한 법률」 제57조부터 제60조까지 및 제62조를 준용한다.

⑥ 제1항에 따른 허가를 받은 경우에는 「국토의 계획 및 이용에 관한 법률」 제56조에 따라 허가를 받은 것으로 본다.
[본조신설 2022. 2. 3.]
[시행일: 2022. 8. 4.] 제23조의3

제24조(조합원의 자격 등)

① 조합원은 토지등소유자(소규모재건축사업의 경우에는 소규모재건축사업에 동의한 자만 해당한다)로 하되, 다음 각 호의 어느 하나에 해당하는 때에는 그 여러 명을 대표하는 1명을 조합원으로 본다.
1. 토지 또는 건축물의 소유권과 지상권이 여러 명의 공유에 속하는 때

2. 여러 명의 토지등소유자가 1세대에 속하는 때. 이 경우 동일한 세대별 주민등록표상에 등재되어 있지 아니한 배우자 및 미혼인 19세 미만의 직계비속은 1세대로 보며, 1세대로 구성된 여러 명의 토지등소유자가 조합설립인가 후 세대를 분리하여 동일한 세대에 속하지 아니하는 때에도 이혼 및 19세 이상 자녀의 분가(세대별 주민등록을 달리하며 실거주지를 분가한 경우로 한정한다)를 제외하고는 1세대로 본다.

3. 조합설립인가 후 1명의 토지등소유자로부터 토지 또는 건축물의 소유권이나 지상권을 양수하여 여러 명이 소유하게 된 때

② 「주택법」 제63조제1항에 따른 투기과열지구(이하 "투기과열지구"라 한다)로 지정된 지역에서 소규모재건축사업을 시행하는 경우 조합설립인가 후 해당 사업의 건축물 또는 토지를 양수(매매 · 증여 그 밖의 권리의 변동을 수반하는 모든 행위를 포함하되, 상속 · 이혼으로 인한 양도 · 양수의 경우는 제외한다. 이하 이 조에서 같다)한 자는 제1항에도 불구하고 조합원이 될 수 없다. 다만, 양도인이 다음 각 호의 어느 하나에 해당하는 경우 그 양도인으로부터 그 건축물 또는 토지를 양수한 자는 그러하지 아니하다. 〈개정 2020. 6. 9., 2021. 7. 20.〉

1. 세대원(세대주가 포함된 세대의 구성원을 말한다. 이하 이 조에서 같다)의 근무상 또는 생업상의 사정이나 질병치료(「의료법」 제3조에 따른 의료기관의 장이 1년 이상의 치료나 요양이 필요하다고 인정하는 경우로 한정한다) · 취학 · 결혼으로 세대원 모두 해당 사업시행구역이 위치하지 아니한 특별시 · 광역시 · 특별자치시 · 특별자치도 · 시 또는 군으로 이전하는 경우

2. 상속으로 취득한 주택으로 세대원 모두 이전하는 경우

3. 세대원 모두 해외로 이주하거나 세대원 모두 2년 이상 해외에 체류하는 경우

4. 그 밖에 불가피한 사정으로 양도하는 경우로서 대통령령으로 정하는 경우

③ 사업시행자는 제2항 각 호 외의 부분 본문에 따라 조합원의 자격을 취득할 수 없는 경우 토지, 건축물 또는 그 밖의 권리를 취득한 자에게 제36조를 준용하여 손실보상을 하여야 한다.

제24조(조합원의 자격 등)

① 조합원(사업시행자가 신탁업자인 경우에는 위탁자를 말한다. 이하 이 조에서 같다)은 토지등소유자(소규모재건축사업의 경우에는 소규모재건축사업에 동의한 자만 해당한다)로 하되, 다음 각 호의 어느 하나에 해당하는 때에는 그 여러 명을 대표하는 1

명을 조합원으로 본다. 〈개정 2022. 2. 3.〉

1. 토지 또는 건축물의 소유권과 지상권이 여러 명의 공유에 속하는 때

2. 여러 명의 토지등소유자가 1세대에 속하는 때. 이 경우 동일한 세대별 주민등록표상에 등재되어 있지 아니한 배우자 및 미혼인 19세 미만의 직계비속은 1세대로 보며, 1세대로 구성된 여러 명의 토지등소유자가 조합설립인가 후 세대를 분리하여 동일한 세대에 속하지 아니하는 때에도 이혼 및 19세 이상 자녀의 분가(세대별 주민등록을 달리하며 실거주지를 분가한 경우로 한정한다)를 제외하고는 1세대로 본다.

3. 조합설립인가(조합설립인가 전에 제19조제1항에 따라 신탁업자를 사업시행자로 지정한 경우에는 사업시행자의 지정을 말한다. 이하 이 조에서 같다) 후 1명의 토지등소유자로부터 토지 또는 건축물의 소유권이나 지상권을 양수하여 여러 명이 소유하게 된 때

② 「주택법」 제63조제1항에 따른 투기과열지구(이하 "투기과열지구"라 한다)로 지정된 지역에서 가로주택정비사업, 소규모재건축사업 또는 소규모재개발사업을 시행하는 경우 조합설립인가 후 해당 사업의 건축물 또는 토지를 양수(매매 · 증여 그 밖의 권리의 변동을 수반하는 모든 행위를 포함하되, 상속 · 이혼으로 인한 양도 · 양수의 경우는 제외한다. 이하 이 조에서 같다)한 자는 제1항에도 불구하고 조합원이 될 수 없다. 다만, 양도인이 다음 각 호의 어느 하나에 해당하는 경우 그 양도인으로부터 그 건축물 또는 토지를 양수한 자는 그러하지 아니하다. 〈개정 2020. 6. 9., 2021. 7. 20., 2022. 2. 3.〉

1. 세대원(세대주가 포함된 세대의 구성원을 말한다. 이하 이 조에서 같다)의 근무상 또는 생업상의 사정이나 질병치료(「의료법」 제3조에 따른 의료기관의 장이 1년 이상의 치료나 요양이 필요하다고 인정하는 경우로 한정한다) · 취학 · 결혼으로 세대원 모두 해당 사업시행구역이 위치하지 아니한 특별시 · 광역시 · 특별자치시 · 특별자치도 · 시 또는 군으로 이전하는 경우

2. 상속으로 취득한 주택으로 세대원 모두 이전하는 경우

3. 세대원 모두 해외로 이주하거나 세대원 모두 2년 이상 해외에 체류하는 경우

4. 1세대(제1항제2호에 따라 1세대에 속하는 때를 말한다) 1주택자로서 양도하는 주택에 대한 소유기간 및 거주기간이 대통령령으로 정하는 기간 이상인 경우

5. 그 밖에 불가피한 사정으로 양도하는 경우로서 대통령령으로 정하는 경우

③ 사업시행자는 제2항 각 호 외의 부분 본문에 따라 조합원의 자격을 취득할 수 없

는 경우 토지, 건축물 또는 그 밖의 권리를 취득한 자에게 제36조를 준용하여 손실보상을 하여야 한다.
[시행일: 2022. 8. 4.] 제24조

제25조(토지등소유자의 동의방법 등)

① 다음 각 호의 어느 하나에 대한 동의(동의한 사항의 철회를 포함한다)는 서면동의서에 토지등소유자가 성명을 적고 지장(指章)을 날인하는 방법으로 하며, 주민등록증, 여권 등 신원을 확인할 수 있는 신분증명서의 사본을 첨부하여야 한다. 〈개정 2021. 7. 20.〉

1. 제17조제1항 및 제3항 각 호에 따라 토지등소유자가 소규모주택정비사업을 시행하는 경우

1의2. 제17조의2에 따라 소규모재개발사업의 사업시행예정구역 지정을 제안하는 경우

2. 제18조 및 제19조에 따라 가로주택정비사업 · 소규모재건축사업 · 소규모재개발사업의 공공사업시행자 및 지정개발자를 정하는 경우

2의2. 제22조제2항부터 제5항까지에 따라 주민합의체를 구성하는 경우

3. 제23조제1항부터 제5항까지에 따라 조합을 설립하는 경우

4. 제2항에 따라 주민대표회의를 구성하는 경우

5. 제29조제3항에 따라 사업시행계획인가를 신청하는 경우

② 가로주택정비사업, 소규모재건축사업 또는 소규모재개발사업의 토지등소유자는 시장 · 군수등 또는 토지주택공사등을 사업시행자로 지정하는 경우 주민대표기구(이하 "주민대표회의"라 한다)를 구성하여야 한다. 〈개정 2021. 7. 20.〉

③ 소규모주택정비사업의 토지등소유자는 제19조에 따른 지정개발자가 사업을 시행하는 경우 토지등소유자 전원으로 구성되는 회의(이하 "토지등소유자 전체회의"라 한다)를 구성하여야 한다. 이 경우 지정개발자는 「도시 및 주거환경정비법」 제48조제1항 각 호의 사항에 관하여 토지등소유자 전체회의의 의결을 거쳐야 한다.

④ 제1항에 따른 토지등소유자의 동의자 수 산정 방법 및 절차에 관한 사항은 대통령령으로 정한다. 〈신설 2019. 8. 20.〉

제25조(토지등소유자의 동의방법 등)

① 다음 각 호의 어느 하나에 대한 동의(동의한 사항의 철회를 포함한다)는 서면동의의

서에 토지등소유자가 성명을 적고 지장(指章)을 날인하는 방법으로 하며, 주민등록증, 여권 등 신원을 확인할 수 있는 신분증명서의 사본을 첨부하여야 한다. 이 경우 시장·군수등이 대통령령으로 정하는 방법에 따라 검인(檢印)한 서면동의서를 사용하여야 하며, 검인을 받지 아니한 서면동의서는 그 효력이 발생하지 아니한다. 〈개정 2021. 7. 20., 2022. 2. 3.〉

1. 제17조제1항 및 제3항 각 호에 따라 토지등소유자가 소규모주택정비사업을 시행하는 경우

1의2. 제17조의2에 따라 소규모재개발사업의 사업시행예정구역 지정을 제안하는 경우

2. 제18조 및 제19조에 따라 가로주택정비사업·소규모재건축사업·소규모재개발사업의 공공사업시행자 및 지정개발자를 정하는 경우

2의2. 제22조제2항부터 제5항까지에 따라 주민합의체를 구성하는 경우

3. 제23조제1항부터 제5항까지에 따라 조합을 설립하는 경우

4. 제2항에 따라 주민대표회의를 구성하는 경우

5. 제29조제3항에 따라 사업시행계획인가를 신청하는 경우

② 가로주택정비사업, 소규모재건축사업 또는 소규모재개발사업의 토지등소유자는 시장·군수등 또는 토지주택공사등을 사업시행자로 지정하는 경우 주민대표기구(이하 "주민대표회의"라 한다)를 구성하여야 한다. 〈개정 2021. 7. 20.〉

③ 소규모주택정비사업의 토지등소유자는 제19조에 따른 지정개발자가 사업을 시행하는 경우 토지등소유자 전원으로 구성되는 회의(이하 "토지등소유자 전체회의"라 한다)를 구성하여야 한다. 이 경우 지정개발자는 「도시 및 주거환경정비법」 제48조제1항 각 호의 사항에 관하여 토지등소유자 전체회의의 의결을 거쳐야 한다.

④ 제1항에 따른 토지등소유자의 동의자 수 산정 방법 및 절차에 관한 사항은 대통령령으로 정한다. 〈신설 2019. 8. 20.〉
[시행일: 2022. 8. 4.] 제25조

제3절 사업시행계획 등

제26조(건축심의)

① 가로주택정비사업, 소규모재건축사업 또는 소규모재개발사업의 사업시행자(사업시

행자가 시장 · 군수등인 경우는 제외한다)는 제30조에 따른 사업시행계획서를 작성하기 전에 사업시행에 따른 건축물의 높이 · 층수 · 용적률 등 대통령령으로 정하는 사항에 대하여 지방건축위원회의 심의를 거쳐야 한다. 〈개정 2021. 7. 20.〉

② 제1항에 따른 사업시행자(시장 · 군수등 또는 토지주택공사등은 제외한다)는 지방건축위원회의 심의를 신청하기 전에 다음 각 호의 어느 하나에 해당하는 동의 또는 의결을 거쳐야 한다. 〈개정 2020. 8. 18.〉

1. 사업시행자가 토지등소유자인 경우에는 주민합의서에서 정하는 토지등소유자의 동의
2. 사업시행자가 조합인 경우에는 조합 총회(시장 · 군수등 또는 토지주택공사등과 공동으로 사업을 시행하는 경우에는 조합원의 과반수 동의로 조합 총회 의결을 갈음할 수 있다)에서 조합원 과반수의 찬성으로 의결. 다만, 정비사업비가 100분의 10(생산자물가상승률분 및 제36조에 따른 손실보상 금액은 제외한다) 이상 늘어나는 경우에는 조합원 3분의 2 이상의 찬성으로 의결
3. 사업시행자가 지정개발자인 경우에는 토지등소유자의 과반수 동의 및 토지면적 2분의 1 이상의 토지소유자의 동의

제27조(통합심의)

① 시장 · 군수등은 소규모주택정비사업과 관련된 다음 각 호 중 둘 이상의 심의가 필요한 경우에는 이를 통합하여 심의(이하 "통합심의"라 한다)하여야 한다. 다만, 제2호에 따른 도시 · 군관리계획 중 용도지역 · 용도지구를 지정 또는 변경하는 경우 또는 제49조제1항 · 제7항 및 제49조의2에 따라 법적상한용적률까지 건축하거나 제49조제8항에 따라 법적상한용적률을 초과하여 건축하는 경우에는 시 · 도지사에게 통합심의를 요청하여야 하며, 시 · 도지사의 통합심의를 거친 경우에는 시장 · 군수등의 통합심의를 거친 것으로 본다. 〈개정 2021. 10. 19.〉

1. 「건축법」에 따른 건축심의(제26조 및 제48조제1항에 따른 심의를 포함한다)
2. 「국토의 계획 및 이용에 관한 법률」에 따른 도시 · 군관리계획 및 개발행위 관련 사항
3. 그 밖에 시장 · 군수등이 필요하다고 인정하여 통합심의에 부치는 사항

② 사업시행자는 시장 · 군수등이 통합심의를 하는 경우 제1항 각 호와 관련된 서류를 제출하여야 한다. 이 경우 시장 · 군수등은 통합심의를 효율적으로 처리하기 위하여 제출기한 등을 정할 수 있다.

③ 시장 · 군수등은 통합심의를 하는 경우 다음 각 호의 어느 하나에 해당하는 위원회의 위원이 포함된 공동위원회를 구성하여야 한다.

1. 지방건축위원회
2. 지방도시계획위원회
3. 제1항제3호에 대하여 심의 권한을 가진 관련 위원회

④ 통합심의를 거친 경우에는 제1항 각 호에 대한 검토 · 심의 · 조사 · 협의 · 조정 또는 재정을 거친 것으로 본다.

⑤ 통합심의의 신청 · 방법 및 절차에 관하여는 「주택법」 제18조제3항을 준용한다.

제28조(분양공고 및 분양신청)

① 가로주택정비사업, 소규모재건축사업 또는 소규모재개발사업의 사업시행자는 제26조에 따른 심의 결과를 통지받은 날부터 90일 이내에 다음 각 호의 사항을 토지등소유자에게 통지하고, 분양의 대상이 되는 대지 또는 건축물의 내역 등 대통령령으로 정하는 사항을 해당 지역에서 발간되는 일간신문에 공고하여야 한다. 〈개정 2021. 7. 20.〉

1. 분양대상자별 종전의 토지 또는 건축물의 명세 및 제26조에 따른 심의 결과를 통지받은 날을 기준으로 한 가격(제26조에 따른 심의 전에 제37조제3항에 따라 철거된 건축물은 시장 · 군수등에게 허가를 받은 날을 기준으로 한 가격)
2. 분양대상자별 분담금의 추산액
3. 분양신청기간
4. 그 밖에 대통령령으로 정하는 사항

② 제1항제3호에 따른 분양신청기간은 제1항에 따라 토지등소유자에게 통지한 날부터 30일 이상 60일 이내로 하여야 한다. 다만, 사업시행자는 제33조제1항에 따른 관리처분계획의 수립에 지장이 없다고 판단하는 경우에는 분양신청기간을 20일 범위에서 한 차례만 연장할 수 있다.

③ 대지 또는 건축물에 대한 분양을 받으려는 토지등소유자는 제2항에 따른 분양신청기간에 대통령령으로 정하는 방법 및 절차에 따라 분양신청을 하여야 한다.

④ 사업시행자는 제2항에 따른 분양신청기간 종료 후 제29조제1항에 따른 사업시행계획인가의 변경(대통령령으로 정하는 경미한 사항의 변경은 제외한다)으로 세대수 또는 주택규모가 달라지는 경우 제1항부터 제3항까지에 따라 분양공고 등의 절차를 다시 거칠 수 있다.

⑤ 사업시행자는 정관등(「도시 및 주거환경정비법」 제2조제11호에 따른 정관등을 말한다. 이하 같다)에서 정하고 있거나 총회의 의결을 거친 경우 제4항에 따라 제36조제1항제1호 및 제2호에 해당하는 토지등소유자에게 분양신청을 다시 하게 할 수 있다

제28조의2(소규모재개발사업의 분양받을 권리의 산정 기준일)

① 소규모재개발사업을 통하여 분양받을 건축물이 다음 각 호의 어느 하나에 해당하는 경우에는 제17조의2제6항에 따른 고시가 있은 날 또는 시장·군수등이 투기를 억제하기 위하여 사업시행예정구역 지정 고시 전에 따로 정하는 날(이하 이 조에서 "기준일"이라 한다)의 다음 날을 기준으로 건축물을 분양받을 권리를 산정한다.

1. 1필지의 토지가 여러 개의 필지로 분할되는 경우
2. 단독주택 또는 다가구주택이 다세대주택으로 전환되는 경우
3. 하나의 대지 범위에 속하는 동일인 소유의 토지 및 주택 등 건축물을 토지 및 주택 등 건축물로 각각 분리하여 소유하는 경우
4. 나대지에 건축물을 새로 건축하거나 기존 건축물을 철거하고 다세대주택, 그 밖의 공동주택을 건축하여 토지등소유자의 수가 증가하는 경우

② 시장·군수등은 제1항에 따라 기준일을 따로 정하는 경우에는 기준일, 지정사유, 건축물을 분양받을 권리의 산정기준 등을 해당 지방자치단체의 공보에 고시하여야 한다.

[본조신설 2021. 7. 20.]

제29조(사업시행계획인가)

① 사업시행자(사업시행자가 시장·군수등인 경우는 제외한다)는 소규모주택정비사업을 시행하는 경우에는 제30조에 따른 사업시행계획서(이하 "사업시행계획서"라 한다)에 정관등과 그 밖에 국토교통부령으로 정하는 서류를 첨부하여 시장·군수등에게 제출하고 사업시행계획인가를 받아야 하며, 인가받은 사항을 변경하는 경우에도 또한 같다. 다만, 대통령령으로 정하는 경미한 사항을 변경하는 경우에는 시장·군수등에게 신고하여야 한다.

② 시장·군수등은 특별한 사유가 없으면 제1항에 따른 사업시행계획서(사업시행계획서의 변경을 포함한다)가 제출된 날부터 60일 이내에 인가 여부를 결정하여 사업시행자에게 통보하여야 한다.

③ 사업시행자(시장·군수등 또는 토지주택공사등은 제외한다)는 사업시행계획인가를 신청하기 전에 미리 제26조제2항 각 호의 어느 하나에 해당하는 동의 또는 의결을 거쳐야 하며, 인가받은 사항을 변경하거나 사업을 중지 또는 폐지하는 경우에도 또한 같다. 다만, 제1항 단서에 따른 경미한 사항의 변경은 그러하지 아니하다.

④ 제18조제1항제1호에 따른 사업(이하 "취약주택정비사업"이라 한다)의 사업시행자는 제3항 본문에도 불구하고 토지등소유자의 동의를 받지 아니할 수 있다.

⑤ 시장·군수등은 제1항에 따른 사업시행계획인가(시장·군수등이 사업시행계획서를 작성한 경우를 포함한다)를 하거나 사업을 변경·중지 또는 폐지하는 경우에는 국토교통부령으로 정하는 방법 및 절차에 따라 그 내용을 해당 지방자치단체의 공보에 고시하여야 한다. 다만, 제1항 단서에 따른 경미한 사항을 변경하는 경우에는 그러하지 아니하다.

⑥ 시장·군수등이 사업시행계획인가를 하거나 제30조에 따라 사업시행계획서를 작성하는 경우에는 관계 서류의 사본을 14일 이상 일반인이 공람할 수 있게 하여야 한다. 〈개정 2019. 8. 20.〉

⑦ 토지등소유자, 이해관계인 등은 제6항의 공람 기간 이내에 시장·군수등에게 서면으로 의견을 제출할 수 있다. 〈신설 2019. 8. 20.〉

제30조(사업시행계획서의 작성)

① 사업시행자는 다음 각 호의 사항을 포함하는 사업시행계획서를 작성하여야 한다. 다만, 자율주택정비사업의 경우에는 제1호·제2호·제3호·제6호 및 제7호의 사항으로 한정한다. 〈개정 2021. 7. 20.〉

1. 사업시행구역 및 그 면적
2. 토지이용계획(건축물배치계획을 포함한다)
3. 정비기반시설 및 공동이용시설의 설치계획

4. 임시거주시설을 포함한 주민이주대책

5. 사업시행기간 동안 사업시행구역 내 가로등 설치, 폐쇄회로 텔레비전 설치 등 범죄예방대책

6. 임대주택의 건설계획

7. 건축물의 높이 및 용적률 등에 관한 건축계획(「건축법」 제77조의 4에 따라 건축협정을 체결한 경우 건축협정의 내용을 포함한다)

8. 사업시행과정에서 발생하는 폐기물의 처리계획

9. 정비사업비

10. 분양설계 등 관리처분계획

10의2. 제35조의2에 따라 수용 또는 사용하여 사업을 시행하는 경우 수용 또는 사용할 토지 · 물건 또는 권리의 세목과 그 소유자 및 권리자의 성명 · 주소

11. 그 밖에 사업시행을 위한 사항으로서 대통령령으로 정하는 바에 따라 시 · 도조례로 정하는 사항

② 사업시행자가 제1항에 따른 사업시행계획서에「공공주택 특별법」 제2조제1호에 따른 공공주택(이하 "공공주택"이라 한다) 건설계획을 포함하는 경우에는 공공주택의 구조 · 기능 및 설비에 관한 기준과 부대시설 · 복리시설의 범위, 설치기준 등에 필요한 사항은「공공주택 특별법」 제37조에 따른다.

제31조(시행규정의 작성)

시장 · 군수등, 토지주택공사등 또는 지정개발자가 단독으로 소규모주택정비사업을 시행하는 경우 다음 각 호의 사항을 포함하는 시행규정을 작성하여야 한다.

1. 소규모주택정비사업의 종류 및 명칭
2. 소규모주택정비사업의 시행연도 및 시행방법
3. 비용부담 및 회계
4. 토지등소유자의 권리 · 의무
5. 정비기반시설 및 공동이용시설의 부담
6. 공고 · 공람 및 통지의 방법
7. 토지 및 건축물에 관한 권리의 평가방법
8. 관리처분계획 및 청산(분할징수 또는 납입에 관한 사항을 포함한다). 다만, 수용의 방법으로 시행하는 경우에는 제외한다.

9. 시행규정의 변경

10. 사업시행계획서의 변경

11. 대통령령으로 정하는 기준에 따라 사업관리에 필요한 비용의 책정(사업시행자가 시장·군수등 및 토지주택공사등인 경우로 한정한다)

12. 토지등소유자 전체회의(지정개발자가 사업시행자인 경우로 한정한다)

제32조(주택의 규모 및 건설비율 등)

① 가로주택정비사업의 사업시행자는 사업시행구역에 있는 기존 단독주택의 호수(戶數)와 공동주택의 세대 수를 합한 수 이상의 주택을 공급하여야 한다. 이 경우 건설하는 건축물의 층수 등은 대통령령으로 정한다.

② 국토교통부장관은 주택수급의 안정과 저소득 주민의 입주기회 확대를 위하여 소규모재건축사업으로 건설하는 주택에 대하여 전체 세대수의 100분의 90 이하로서 대통령령으로 정하는 범위에서 「주택법」 제2조제6호에 따른 국민주택규모의 주택 건설비율을 정하여 고시할 수 있다.

제33조(관리처분계획의 내용 및 수립기준)

① 가로주택정비사업, 소규모재건축사업 또는 소규모재개발사업의 사업시행자는 제28조에 따른 분양신청기간이 종료된 때에는 분양신청의 현황을 기초로 다음 각 호의 사항을 포함하여 제30조제1항제10호에 따른 관리처분계획을 수립하여야 한다. 〈개정 2021. 7. 20.〉

1. 분양설계

2. 분양대상자의 주소 및 성명

3. 분양대상자별 분양예정인 대지 또는 건축물의 추산액(임대관리 위탁주택에 관한 내용을 포함한다)

4. 다음 각 목에 해당하는 보류지 등의 명세와 추산액 및 처분방법

가. 일반 분양분

나. 임대주택

다. 그 밖에 부대시설·복리시설 등

5. 분양대상자별 종전의 토지 또는 건축물 명세 및 제26조에 따른 심의 결과를 받은 날을 기준으로 한 가격(제26조에 따른 심의 전에 제37조제3항에 따라 철거된 건축물은 시장·군수등에게 허가를 받은 날을 기준으로 한 가격)

6. 정비사업비의 추산액(소규모재건축사업의 경우에는 「재건축초과이익 환수에 관한 법률」에 따른 재건축분담금에 관한 사항을 포함한다) 및 그에 따른 조합원 분담규모 및 분담시기

7. 분양대상자의 종전 토지 또는 건축물에 관한 소유권 외의 권리명세

8. 세입자별 손실보상을 위한 권리명세 및 그 평가액(취약주택정비사업의 경우로 한정한다)

9. 그 밖에 소규모주택정비사업과 관련한 권리 등에 관하여 대통령령으로 정하는 사항

② 조합은 제29조제3항 본문에 따른 의결이 필요한 경우 총회 개최일부터 30일 전에 제1항제3호부터 제6호까지에 해당하는 사항을 조합원에게 문서로 통지하여야 한다.

③ 제1항에 따른 관리처분계획의 내용은 다음 각 호의 기준에 따른다. 〈개정 2018. 3. 20., 2019. 8. 20., 2020. 6. 9.〉

1. 종전의 토지 또는 건축물의 면적, 이용 상황, 환경, 그 밖의 사항을 종합적으로 고려하여 대지 또는 건축물이 균형 있게 분양신청자에게 배분되고 합리적으로 이용되도록 한다.

2. 지나치게 좁거나 넓은 토지 또는 건축물은 넓히거나 좁혀 대지 또는 건축물이 적정 규모가 되도록 한다.

3. 너무 좁은 토지 또는 건축물이나 다음 각 목에 따라 사업시행구역이 확정된 후 분할된 토지를 취득한 자에게는 현금으로 청산할 수 있다.

    가. 제18조에 따른 공공시행자 또는 제19조에 따른 지정개발자의 지정 · 고시
    나. 제22조에 따른 주민합의체 구성의 신고
    다. 제23조에 따른 조합설립인가

4. 재해상 또는 위생상의 위해를 방지하기 위하여 토지의 규모를 조정할 특별한 필요가 있는 때에는 너무 좁은 토지를 넓혀 토지를 갈음하여 보상을 하거나 건축물의 일부와 그 건축물이 있는 대지의 공유지분을 교부할 수 있다.

5. 분양설계에 관한 계획은 제28조에 따른 분양신청기간이 만료하는 날을 기준으로 하여 수립한다.

6. 1세대 또는 1명이 하나 이상의 주택 또는 토지를 소유한 경우 1주택을 공급하고, 같은 세대에 속하지 아니하는 2명 이상이 1주택 또는 1토지를 공유한 경우에는 1주택만 공급한다.

7. 제6호에도 불구하고 다음 각 목의 경우에는 각 목의 방법에 따라 주택을 공급할 수 있다.

가. 2명 이상이 1토지를 공유한 경우로서 시 · 도조례로 주택공급을 따로 정하고 있는 경우에는 시 · 도조례로 정하는 바에 따라 주택을 공급할 수 있다.

나. 다음 어느 하나에 해당하는 토지등소유자에게는 소유한 주택 수만큼 공급할 수 있다.

1) 「수도권정비계획법」 제6조제1항제1호에 따른 과밀억제권역에 위치하지 아니한 소규모재건축사업의 토지등소유자
2) 근로자(공무원인 근로자를 포함한다) 숙소, 기숙사 용도로 주택을 소유하고 있는 토지등소유자
3) 국가, 지방자치단체 및 토지주택공사등
4) 「국가균형발전 특별법」 제18조에 따른 공공기관지방이전 및 혁신도시 활성화를 위한 시책 등에 따라 이전하는 공공기관이 소유한 주택을 양수한 자

다. 제1항제5호에 따른 가격의 범위 또는 종전 주택의 주거전용면적의 범위에서 2주택을 공급할 수 있고, 이 중 1주택은 주거전용면적을 60제곱미터 이하로 한다. 다만, 60제곱미터 이하로 공급받은 1주택은 제40조제2항에 따른 이전고시일 다음 날부터 3년이 지나기 전에는 주택을 전매(매매 · 증여나 그 밖에 권리의 변동을 수반하는 모든 행위를 포함하되 상속의 경우는 제외한다)하거나 전매를 알선할 수 없다.

라. 가로주택정비사업의 경우에는 3주택 이하로 한정하되, 다가구주택을 소유한 자에 대하여는 제1항제5호에 따른 가격을 분양주택 중 최소분양단위규모의 추산액으로 나눈 값(소수점 이하는 버린다)만큼 공급할 수 있다.

마. 「수도권정비계획법」 제6조제1항제1호에 따른 과밀억제권역에서 투기과열지구에 위치하지 아니한 소규모재건축사업의 경우에는 토지등소유자가 소유한 주택수의 범위에서 3주택 이하로 한정하여 공급할 수 있다.

④ 제1항부터 제3항까지에 따른 관리처분계획의 내용 및 수립기준, 관리처분의 방법

등에 필요한 사항은 대통령령으로 정한다.

⑤ 제1항부터 제4항까지는 시장ㆍ군수등이 직접 수립하는 관리처분계획에 준용한다.

제34조(사업시행계획인가에 따른 처분 등)

① 가로주택정비사업, 소규모재건축사업 또는 소규모재개발사업의 사업시행자는 사업의 시행으로 조성된 대지 및 건축물을 사업시행계획인가에 따라 처분 또는 관리하여야 한다. 〈개정 2021. 7. 20.〉

② 가로주택정비사업, 소규모재건축사업 또는 소규모재개발사업의 사업시행자는 사업의 시행으로 건설된 건축물을 제29조에 따라 인가된 관리처분계획에 따라 토지등소유자에게 공급하여야 한다. 〈개정 2021. 7. 20.〉

③ 사업시행자는 사업시행구역에 주택을 건설하는 경우 입주자 모집 조건ㆍ방법ㆍ절차, 입주금(계약금ㆍ중도금 및 잔금을 말한다)의 납부 방법ㆍ시기ㆍ절차, 주택공급 방법ㆍ절차 등에 관하여 「주택법」 제54조에도 불구하고 대통령령으로 정하는 범위에서 시장ㆍ군수등의 승인을 받아 따로 정할 수 있다.

④ 사업시행자는 제28조에 따른 분양신청을 받은 후 잔여분이 있는 경우에는 정관등 또는 사업시행계획으로 정하는 목적을 위하여 그 잔여분을 보류지(건축물을 포함한다)로 정하거나 조합원 또는 토지등소유자 외의 자에게 분양할 수 있다. 이 경우 분양공고와 분양신청절차 등에 필요한 사항은 대통령령으로 정한다.

⑤ 국토교통부장관, 시장ㆍ군수등 또는 토지주택공사등은 「민간임대주택에 관한 특별법」 제2조제5호에 따른 공공지원민간임대주택(이하 "공공지원민간임대주택"이라 한다)이 제39조에 따른 준공인가 및 공사완료의 고시가 있은 날까지 공급대상자에게 공급이 되지 아니한 때에는 해당 임대주택을 인수할 수 있다. 이 경우 임대주택의 인수절차 및 방법, 인수가격 등에 필요한 사항은 대통령령으로 정한다. 〈개정 2018. 1. 16.〉

⑥ 사업시행자는 소규모주택정비사업의 시행으로 임대주택을 건설하는 경우 임차인의 자격ㆍ선정방법, 임대보증금, 임대료 등 임대조건에 관한 기준 및 무주택 세대주에게

우선 매각하도록 하는 기준 등에 관하여 「민간임대주택에 관한 특별법」 제42조 및 제44조, 「공공주택 특별법」 제48조, 제49조 및 제50조의3에도 불구하고 대통령령으로 정하는 범위에서 시장·군수등의 승인을 받아 따로 정할 수 있다.

⑦ 사업시행자는 제2항부터 제6항까지에 따른 공급대상자에게 주택을 공급하고 남은 주택을 제2항부터 제6항까지에 따른 공급대상자 외의 자에게 공급할 수 있다.

⑧ 제7항에 따른 주택의 공급 방법·절차 등은 「주택법」 제54조를 준용한다. 다만, 사업시행자가 제35조에 따른 매도청구소송을 통하여 법원의 승소판결을 받은 후 입주예정자에게 피해가 없도록 손실보상금을 공탁하고 분양예정인 건축물을 담보한 경우에는 법원의 승소판결이 확정되기 전이라도 「주택법」 제54조에도 불구하고 입주자를 모집할 수 있으나, 제39조에 따른 준공인가 신청 전까지 해당 주택건설 대지의 소유권을 확보하여야 한다.

제34조(사업시행계획인가에 따른 처분 등)

① 가로주택정비사업, 소규모재건축사업 또는 소규모재개발사업의 사업시행자는 사업의 시행으로 조성된 대지 및 건축물을 사업시행계획인가에 따라 처분 또는 관리하여야 한다. 〈개정 2021. 7. 20.〉

② 가로주택정비사업, 소규모재건축사업 또는 소규모재개발사업의 사업시행자는 사업의 시행으로 건설된 건축물을 제29조에 따라 인가된 관리처분계획에 따라 토지등소유자에게 공급하여야 한다. 〈개정 2021. 7. 20.〉

③ 사업시행자는 사업시행구역에 주택을 건설하는 경우 입주자 모집 조건·방법·절차, 입주금(계약금·중도금 및 잔금을 말한다)의 납부 방법·시기·절차, 주택공급 방법·절차 등에 관하여 「주택법」 제54조에도 불구하고 대통령령으로 정하는 범위에서 시장·군수등의 승인을 받아 따로 정할 수 있다.

④ 사업시행자는 제28조에 따른 분양신청을 받은 후 잔여분이 있는 경우에는 정관등 또는 사업시행계획으로 정하는 목적을 위하여 그 잔여분을 보류지(건축물을 포함한다)로 정하거나 조합원 또는 토지등소유자 외의 자에게 분양할 수 있다. 이 경우 분양공고와 분양신청절차 등에 필요한 사항은 대통령령으로 정한다.

⑤ 국토교통부장관, 시장 · 군수등 또는 토지주택공사등은 「민간임대주택에 관한 특별법」 제2조제4호에 따른 공공지원민간임대주택(이하 "공공지원민간임대주택"이라 한다)이 제39조에 따른 준공인가 및 공사완료의 고시가 있은 날까지 공급대상자에게 공급이 되지 아니한 때에는 해당 임대주택을 인수할 수 있다. 이 경우 임대주택의 인수절차 및 방법, 인수가격 등에 필요한 사항은 대통령령으로 정한다. 〈개정 2018. 1. 16., 2022. 2. 3.〉

⑥ 사업시행자는 소규모주택정비사업의 시행으로 임대주택을 건설하는 경우 임차인의 자격 · 선정방법, 임대보증금, 임대료 등 임대조건에 관한 기준 및 무주택 세대주에게 우선 매각하도록 하는 기준 등에 관하여 「민간임대주택에 관한 특별법」 제42조 및 제44조, 「공공주택 특별법」 제48조, 제49조 및 제50조의3에도 불구하고 대통령령으로 정하는 범위에서 시장 · 군수등의 승인을 받아 따로 정할 수 있다.

⑦ 사업시행자는 제2항부터 제6항까지에 따른 공급대상자에게 주택을 공급하고 남은 주택을 제2항부터 제6항까지에 따른 공급대상자 외의 자에게 공급할 수 있다.

⑧ 제7항에 따른 주택의 공급 방법 · 절차 등은 「주택법」 제54조를 준용한다. 다만, 사업시행자가 제35조에 따른 매도청구소송을 통하여 법원의 승소판결을 받은 후 입주예정자에게 피해가 없도록 손실보상금을 공탁하고 분양예정인 건축물을 담보한 경우에는 법원의 승소판결이 확정되기 전이라도 「주택법」 제54조에도 불구하고 입주자를 모집할 수 있으나, 제39조에 따른 준공인가 신청 전까지 해당 주택건설 대지의 소유권을 확보하여야 한다.
[시행일: 2022. 8. 4.] 제34조

제4절 사업 시행을 위한 조치 등

제35조(매도청구)

① 가로주택정비사업(제35조의2에 따라 토지 · 물건 및 권리를 수용 또는 사용할 수 있는 경우는 제외한다) 또는 소규모재건축사업의 사업시행자(토지등소유자가 시행하는 경우는 제외한다)는 제26조에 따른 심의 결과를 받은 날부터 30일 이내에 다음 각 호의 자에게 조합설립 또는 사업시행자의 지정에 동의할 것인지 여부를 회답할 것을 서면으로 촉구하여야 한다. 〈개정 2021. 7. 20.〉

1. 제23조제1항 · 제2항 · 제4항 및 제5항에 따른 조합설립에 동의하지 아니한 자

2. 제18조제1항 및 제19조제1항에 따라 시장 · 군수등, 토지주택공사등 또는 지정개발자 지정에 동의하지 아니한 자

② 제22조제3항에 따라 관리지역에서 시행하는 자율주택정비사업의 사업시행자는 주민합의체 구성에 동의하지 아니한 자에 대하여 주민합의체 구성에 동의할 것인지 여부를 회답할 것을 서면으로 촉구하여야 한다. 〈신설 2021. 7. 20.〉

③ 제1항 또는 제2항의 촉구를 받은 토지등소유자는 촉구를 받은 날부터 60일 이내에 회답하여야 한다. 〈개정 2021. 7. 20.〉

④ 제3항의 기간 내에 회답하지 아니한 토지등소유자는 주민합의체 구성, 조합설립 또는 사업시행자의 지정에 동의하지 아니하겠다는 뜻을 회답한 것으로 본다. 〈개정 2021. 7. 20.〉

⑤ 사업시행자는 제3항에 따른 기간이 만료된 때부터 60일 이내에 주민합의제 구성, 조합설립 또는 사업시행자 지정에 동의하지 아니하겠다는 뜻을 회답한 토지등소유자와 건축물 또는 토지만 소유한 자에게 건축물 또는 토지의 소유권과 그 밖의 권리를 매도할 것을 청구할 수 있다. 〈개정 2021. 7. 20.〉

제35조의2(토지 등의 수용 또는 사용)

① 사업시행자는 소규모재개발사업 또는 가로주택정비사업(시장 · 군수등 또는 제18조제1항에 따라 공공시행자로 지정된 토지주택공사등이 관리지역에서 시행하는 경우로 한정한다)을 시행하기 위하여 필요한 경우에는「공익사업을 위한 토지 등의 취득 및 보상에 관한 법률」제3조에 따른 토지 · 물건 및 권리를 수용 또는 사용할 수 있다.

② 제1항에 따른 토지 · 물건 및 권리에 대한 수용 · 사용 및 손실보상에 관하여는 이 법에 특별한 규정이 있는 경우를 제외하고는「공익사업을 위한 토지 등의 취득 및 보상에 관한 법률」을 적용한다. 다만, 사업의 시행에 따른 이주대책 수립 등 손실보상의 기준 및 절차는 대통령령으로 정할 수 있다.

③ 제30조제1항제10호의2에 따른 수용 또는 사용의 대상이 되는 토지 · 물건 및 권리

의 세목을 포함하는 사업시행계획인가 고시가 있는 때에는 「공익사업을 위한 토지 등의 취득 및 보상에 관한 법률」 제20조제1항 및 제22조에 따른 사업인정 및 사업인정의 고시가 있는 것으로 본다.

④ 제1항에 따른 수용 또는 사용에 대한 재결의 신청은 「공익사업을 위한 토지 등의 취득 및 보상에 관한 법률」 제23조제1항 및 제28조제1항에도 불구하고 사업시행계획인가(사업시행계획변경인가를 포함한다)를 할 때 정한 사업시행기간 이내에 하여야 한다.
[본조신설 2021. 7. 20.]

제36조(분양신청을 하지 아니한 자 등에 대한 조치)

① 가로주택정비사업 또는 소규모재건축사업의 사업시행자는 제29조에 따라 사업시행계획이 인가·고시된 날부터 90일 이내에 다음 각 호에서 정하는 자와 토지, 건축물 또는 그 밖의 권리의 손실보상에 관한 협의를 하여야 한다. 다만, 사업시행자는 분양신청기간 종료일부터 협의를 시작할 수 있다.

1. 분양신청을 하지 아니한 자
2. 분양신청기간 종료 이전에 분양신청을 철회한 자
3. 제29조에 따라 인가된 관리처분계획에 따라 분양대상에서 제외된 자

② 사업시행자는 제1항에 따른 협의가 성립되지 않은 경우에는 그 기간의 만료일 다음 날부터 60일 이내에 수용재결을 신청하거나 제35조에 따른 매도청구소송을 제기하여야 한다.

③ 사업시행자는 제2항에 따른 기간을 넘겨서 수용재결을 신청하거나 매도청구소송을 제기한 경우 대통령령으로 정하는 바에 따라 해당 토지등소유자에게 지연일수(遲延日數)에 따른 이자를 지급하여야 한다.

제36조(분양신청을 하지 아니한 자 등에 대한 조치)

① 가로주택정비사업 또는 소규모재건축사업의 사업시행자는 제29조에 따라 사업시행계획이 인가·고시된 날부터 90일 이내에 다음 각 호에서 정하는 자와 토지, 건축물 또는 그 밖의 권리의 손실보상에 관한 협의를 하여야 한다. 다만, 사업시행자는 분양신청기간 종료일의 다음 날부터 협의를 시작할 수 있다. 〈개정 2022. 2. 3.〉

1. 분양신청을 하지 아니한 자
2. 분양신청기간 종료 이전에 분양신청을 철회한 자

3. 제29조에 따라 인가된 관리처분계획에 따라 분양대상에서 제외된 자

② 사업시행자는 제1항에 따른 협의가 성립되지 않은 경우에는 그 기간의 만료일 다음 날부터 60일 이내에 수용재결을 신청하거나 제35조에 따른 매도청구소송을 제기하여야 한다.

③ 사업시행자는 제2항에 따른 기간을 넘겨서 수용재결을 신청하거나 매도청구소송을 제기한 경우 대통령령으로 정하는 바에 따라 해당 토지등소유자에게 지연일수(遲延日數)에 따른 이자를 지급하여야 한다.
[시행일: 2022. 8. 4.] 제36조

제37조(건축물 등의 사용 · 수익의 중지 및 철거 등)

① 종전의 토지 또는 건축물의 소유자 · 지상권자 · 전세권자 · 임차권자 등 권리자는 사업시행계획이 인가된 때에는 제40조에 따른 이전고시가 있는 날까지 종전의 토지 또는 건축물을 사용하거나 수익할 수 없다. 다만, 다음 각 호의 어느 하나에 해당하는 경우에는 그러하지 아니하다.

1. 사업시행자의 동의를 받은 경우
2. 「공익사업을 위한 토지 등의 취득 및 보상에 관한 법률」에 따른 손실보상이 완료되지 않은 경우

② 사업시행자는 제29조에 따른 사업시행계획인가를 받은 후 기존의 건축물을 철거하여야 한다.

③ 사업시행자는 다음 각 호의 어느 하나에 해당하는 경우에는 제2항에도 불구하고 기존 건축물 소유자의 동의 및 시장 · 군수등의 허가를 받아 해당 건축물을 철거할 수 있다. 이 경우 건축물의 철거는 토지등소유자로서의 권리 · 의무에 영향을 주지 아니한다.

1. 「재난 및 안전관리 기본법」, 「주택법」, 「건축법」 등 관계 법령에서 정하는 기존 건축물의 붕괴 등 안전사고의 우려가 있는 경우
2. 폐공가(廢公家)의 밀집으로 범죄발생의 우려가 있는 경우

④ 시장 · 군수등은 사업시행자가 제2항에 따라 기존의 건축물을 철거하는 경우 다음

각 호의 어느 하나에 해당하는 시기에는 건축물의 철거를 제한할 수 있다.

1. 일출 전과 일몰 후

2. 호우, 대설, 폭풍해일, 지진해일, 태풍, 강풍, 풍랑, 한파 등으로 해당 지역에 중대한 재해발생이 예상되어 기상청장이 「기상법」 제13조에 따라 특보를 발표한 때

3. 「재난 및 안전관리 기본법」 제3조에 따른 재난이 발생한 때

4. 제1호부터 제3호까지에 준하는 시기로 시장 · 군수등이 인정하는 시기

제38조(지상권 등 계약의 해지)

① 소규모주택정비사업의 시행으로 지상권 · 전세권 또는 임차권의 설정 목적을 달성할 수 없는 때에는 그 권리자는 계약을 해지할 수 있다.

② 제1항에 따라 계약을 해지할 수 있는 자가 가지는 전세금 · 보증금, 그 밖의 계약상의 금전의 반환청구권은 사업시행자에게 행사할 수 있다.

③ 제2항에 따른 금전의 반환청구권의 행사로 해당 금전을 지급한 사업시행자는 해당 토지등소유자에게 구상할 수 있다.

④ 사업시행자는 제3항에 따른 구상이 되지 아니한 경우에는 해당 토지등소유자에게 귀속될 대지 또는 건축물을 압류할 수 있다. 이 경우 압류한 권리는 저당권과 동일한 효력을 가진다.

⑤ 제29조에 따라 사업시행계획인가를 받은 경우 지상권 · 전세권 설정계약 또는 임대차계약의 계약기간은 「민법」 제280조 · 제281조 및 제312조제2항, 「주택임대차보호법」 제4조제1항, 「상가건물 임대차보호법」 제9조제1항을 적용하지 아니한다.

제38조의2(소유자의 확인이 곤란한 건축물 등에 대한 처분)

① 사업시행자는 다음 각 호에서 정하는 날 현재 토지 또는 건축물의 소유자의 소재 확인이 현저히 곤란한 때에는 전국적으로 배포되는 둘 이상의 일간신문에 2회 이상 공고하고, 공고한 날부터 30일 이상이 지난 때에는 그 소유자의 해당 토지 또는 건축물의 감정평가액에 해당하는 금액을 법원에 공탁하고 사업을 시행할 수 있다.

1. 제18조제1항에 따라 시장 · 군수등 또는 토지주택공사등이 사업을 시행하는 경우에는 같은 조 제2항에 따른 고시일

2. 제19조제1항에 따라 지정개발자를 사업시행자로 지정하는 경우에는 같은 조 제

2항에 따른 고시일

3. 제22조제2항 또는 제3항에 따라 시행하는 소규모재개발사업 또는 자율주택정비사업의 경우에는 같은 조 제5항에 따른 주민합의체 구성의 신고일

4. 제23조제1항 · 제2항 또는 제4항에 따라 조합이 사업시행자가 되는 경우에는 조합설립인가일

② 조합이 가로주택정비사업, 소규모재건축사업 또는 소규모재개발사업을 시행하는 경우 조합설립인가일 현재 조합원 전체의 공동소유인 토지 또는 건축물은 조합 소유의 토지 또는 건축물로 본다.

③ 제2항에 따라 조합 소유로 보는 토지 또는 건축물의 처분에 관한 사항은 제33조제1항에 따른 관리처분계획에 명시하여야 한다.

④ 제1항에 따른 토지 또는 건축물의 감정평가는 제56조제2항제1호를 준용한다.
[본조신설 2021. 7. 20.]

제5절 공사완료에 따른 조치 등

제39조(준공인가 및 공사완료 고시)

① 시장 · 군수등이 아닌 사업시행자가 소규모주택정비사업 공사를 완료한 때에는 시장 · 군수등의 준공인가를 받아야 한다.

② 제1항에 따라 준공인가신청을 받은 시장 · 군수등은 지체 없이 준공검사를 실시하여야 한다. 이 경우 시장 · 군수등은 효율적인 준공검사를 위하여 필요한 때에는 관계 행정기관 · 공공기관 · 연구기관, 그 밖의 전문기관 또는 단체에 준공검사의 실시를 의뢰할 수 있다.

③ 시장 · 군수등은 제2항에 따른 준공검사를 실시한 결과 소규모주택정비사업이 인가받은 사업시행계획대로 완료되었다고 인정되는 때에는 준공인가를 하고 그 사실을 해당 지방자치단체의 공보에 고시하여야 한다.

④ 시장 · 군수등은 직접 시행하는 소규모주택정비사업에 관한 공사가 완료된 때에는

그 사실을 해당 지방자치단체의 공보에 고시하여야 한다.

⑤ 시장 · 군수등은 제1항에 따른 준공인가를 하기 전이라도 완공된 건축물이 사용에 지장이 없는 등 대통령령으로 정하는 기준에 적합한 경우에는 입주예정자가 완공된 건축물을 사용할 수 있도록 사업시행자에게 허가할 수 있다. 다만, 시장 · 군수등이 사업시행자인 경우에는 허가를 받지 아니하고 입주예정자가 완공된 건축물을 사용하게 할 수 있다.

⑥ 제3항 및 제4항에 따라 공사완료를 고시하는 경우 시장 · 군수등이 제55조에 따라 의제되는 인 · 허가등에 따른 준공검사 · 인가등에 관하여 관계 행정기관의 장과 협의한 사항은 해당 준공검사 · 인가등을 받은 것으로 본다.

제40조(이전고시 및 권리변동의 제한 등)

① 사업시행자는 제39조제3항 및 제4항에 따른 고시가 있은 때에는 지체 없이 대지 확정측량을 하고 토지의 분할절차를 거쳐 관리처분계획에서 정한 사항을 분양받을 자에게 통지하고 대지 또는 건축물의 소유권을 이전하여야 한다. 다만, 소규모주택정비사업의 효율적인 추진을 위하여 필요한 경우에는 해당 소규모주택정비사업에 관한 공사가 전부 완료되기 전이라도 완공된 부분은 준공인가를 받아 대지 또는 건축물별로 분양받을 자에게 그 소유권을 이전할 수 있다.

② 사업시행자는 제1항에 따라 대지 및 건축물의 소유권을 이전하는 때에는 그 내용을 해당 지방자치단체의 공보에 고시한 후 시장 · 군수등에게 보고하여야 한다. 이 경우 대지 또는 건축물을 분양받을 자는 고시가 있은 날의 다음 날에 그 대지 또는 건축물의 소유권을 취득한다.

③ 사업시행자는 제2항에 따른 이전고시가 있은 때에는 지체 없이 대지 및 건축물에 관한 등기를 지방법원 또는 등기소에 촉탁 또는 신청하여야 한다. 이 경우 등기에 관한 사항은 대법원규칙으로 정한다.

④ 소규모주택정비사업에 관하여 제2항에 따른 이전고시가 있은 날부터 제3항에 따른 등기가 있을 때까지는 저당권 등의 다른 등기를 하지 못한다.

제41조(청산금 등)

① 사업시행자는 대지 또는 건축물을 분양받은 자가 종전에 소유하고 있던 토지 또는 건축물의 가격과 분양받은 대지 또는 건축물의 가격 사이에 차이가 있는 경우 제40조제2항에 따른 이전고시가 있은 후에 그 차액에 상당하는 금액(이하 "청산금"이라 한다)을 분양받은 자로부터 징수하거나 분양받은 자에게 지급하여야 한다.

② 사업시행자는 제1항에도 불구하고 정관등에서 분할징수 및 분할지급을 정하고 있거나 총회의 의결을 거쳐 따로 정한 경우에는 사업시행계획인가 후부터 제40조제2항에 따른 이전고시가 있은 날까지 일정기간별로 분할징수하거나 분할지급할 수 있다.

③ 사업시행구역에 있는 토지 또는 건축물에 저당권을 설정한 권리자는 사업시행자가 저당권이 설정된 토지 또는 건축물의 소유자에게 청산금을 지급하기 전에 압류절차를 거쳐 저당권을 행사할 수 있다.

제41조(청산금 등)

① 사업시행자는 대지 또는 건축물을 분양받은 자가 종선에 소유하고 있던 토지 또는 건축물의 가격과 분양받은 대지 또는 건축물의 가격 사이에 차이가 있는 경우 제40조제2항에 따른 이전고시가 있은 후에 그 차액에 상당하는 금액(이하 "청산금"이라 한다)을 분양받은 자로부터 징수하거나 분양받은 자에게 지급하여야 한다.

② 사업시행자는 제1항에도 불구하고 정관등에서 분할징수 및 분할지급을 정하고 있거나 총회의 의결을 거쳐 따로 정한 경우에는 사업시행계획인가 후부터 제40조제2항에 따른 이전고시가 있은 날까지 일정기간별로 분할징수하거나 분할지급할 수 있다.

③ 사업시행자는 제1항 및 제2항을 적용하기 위하여 종전에 소유하고 있던 토지 또는 건축물의 가격과 분양받은 대지 또는 건축물의 가격을 평가하는 경우 그 토지 또는 건축물의 규모, 위치, 용도, 이용 상황 및 정비사업비 등을 참작하여 평가하여야 한다. 〈신설 2022. 2. 3.〉

④ 사업시행구역에 있는 토지 또는 건축물에 저당권을 설정한 권리자는 사업시행자가 저당권이 설정된 토지 또는 건축물의 소유자에게 청산금을 지급하기 전에 압류절차를 거쳐 저당권을 행사할 수 있다. 〈개정 2022. 2. 3.〉

⑤ 제3항에 따른 가격평가의 방법은 제56조제2항제1호를 준용한다. 〈신설 2022. 2. 3.〉
[시행일: 2022. 8. 4.] 제41조

제6절 비용의 부담 등

제42조(비용부담의 원칙 및 비용의 조달)

① 정비사업비는 이 법 또는 다른 법령에 특별한 규정이 있는 경우를 제외하고는 사업시행자가 부담한다.

② 시장·군수등은 시장·군수등이 아닌 사업시행자가 시행하는 소규모주택정비사업의 시행으로 설치되는 다음 각 호의 시설에 대하여는 그 건설에 드는 비용의 전부 또는 일부를 부담할 수 있다. 〈개정 2021. 7. 20.〉

1. 도시·군계획시설 중 대통령령으로 정하는 주요 정비기반시설 및 공동이용시설
2. 제43조제4항에 따른 임시거주시설

③ 사업시행자는 토지등소유자로부터 제1항에 따른 비용과 소규모주택정비사업의 시행과정에서 발생한 수입의 차액을 부과금으로 부과·징수할 수 있다.

④ 토지등소유자가 제3항에 따른 부과금의 납부를 게을리한 경우 사업시행자는 연체료를 부과·징수할 수 있다. 〈개정 2019. 8. 20., 2020. 6. 9.〉

제43조(정비기반시설의 설치 및 토지 등의 귀속 등)

① 시장·군수등은 소규모주택정비사업의 시행으로 정비기반시설 또는 공동이용시설의 확충이 필요하다고 인정하는 경우 직접 설치하거나 사업시행자에게 치하도록 할 수 있다.

② 시장·군수등 또는 토지주택공사등이 소규모주택정비사업의 시행으로 새로이 정비기반시설을 설치하거나 기존의 정비기반시설에 대체하는 정비기반시설을 설치한 경우에는 「국유재산법」 및 「공유재산 및 물품 관리법」에도 불구하고 종래의 정비기반시설은 사업시행자에게 무상으로 귀속되고, 새로이 설치된 정비기반시설은 그 시설을 관리할 국가 또는 지방자치단체에 무상으로 귀속된다. 〈개정 2021. 7. 20.〉

③ 시장 · 군수등 또는 토지주택공사등이 아닌 사업시행자가 소규모주택정비사업의 시행으로 새로 설치한 정비기반시설은 그 시설을 관리할 국가 또는 지방자치단체에 무상으로 귀속되고, 소규모주택정비사업의 시행으로 용도가 폐지되는 국가 또는 지방자치단체 소유의 정비기반시설은 사업시행자가 새로 설치한 정비기반시설의 설치 비용에 상당하는 범위에서 그에게 무상으로 양도된다. 이 경우 사업시행자는 용도가 폐지되는 종래의 정비기반시설의 가액과 새로이 설치한 정비기반시설의 설치 비용 사이에 차이가 있는 때에는 그 차액에 상당하는 금액에 대하여 국가 또는 지방자치단체와 정산하여야 한다. 〈신설 2021. 7. 20.〉

④ 시장 · 군수등 또는 토지주택공사등은 소규모주택정비사업을 시행하는 경우에 사업시행으로 철거되는 주택의 소유자 또는 세입자(사업시행구역에서 실제 거주하는 자로 한정한다)가 임시로 거주할 수 있도록 「주택법」 제54조에도 불구하고 대통령령으로 정하는 방법 및 절차에 따라 자신이 보유한 공공임대주택을 임시거주시설로 사용하도록 우선적으로 공급할 수 있다. 〈개정 2021. 7. 20.〉
[제목개정 2021. 7. 20.]

제7절 소규모주택정비 관리계획 〈신설 2021. 7. 20.〉

제43조의2(소규모주택정비 관리계획의 수립)

① 시장 · 군수등은 다음 각 호의 어느 하나에 해당하는 경우로서 대통령령으로 정하는 요건을 갖춘 지역에 대하여 소규모주택정비 관리계획(이하 "관리계획"이라 한다)을 수립(변경수립을 포함한다. 이하 이 조, 제43조의4제1항 및 제50조제2항에서 같다)하여 시 · 도지사에게 승인을 신청할 수 있다. 이 경우 토지주택공사등은 시장 · 군수등에게 관리계획의 수립을 제안할 수 있다.

1. 노후 · 불량건축물에 해당하는 단독주택 및 공동주택과 신축 건축물이 혼재하여 광역적 개발이 곤란한 지역에서 노후 · 불량건축물을 대상으로 소규모주택정비사업이 필요한 경우

2. 빈집밀집구역으로서 안전사고나 범죄발생의 우려가 높아 신속히 소규모주택정비사업을 추진할 필요가 있는 경우

3. 재해 등이 발생할 경우 위해의 우려가 있어 신속히 소규모주택정비사업을 추진할 필요가 있는 경우

② 시 · 도지사가 제1항에 따라 관리계획을 승인하려면 14일 이상 지역 주민에게 공람하여 의견을 수렴하여야 하고 지방도시계획위원회의 심의 또는 「도시재생 활성화 및 지원에 관한 특별법」 제8조에 따른 지방도시재생위원회의 심의(제27조제3항 각 호 중 둘 이상의 심의를 거쳐야 하는 경우에는 통합심의를 말한다)를 거쳐야 한다. 다만, 대통령령으로 정하는 경미한 사항을 변경하는 경우에는 주민 공람 및 제27조제3항 각 호의 심의를 거치지 아니할 수 있다.

③ 시 · 도지사는 관리계획을 승인한 경우에는 지체 없이 해당 지방자치단체의 공보에 고시하여야 하며, 이를 국토교통부장관에게 보고하여야 한다.

④ 관리계획의 수립과 승인에 필요한 기준 · 절차 및 방법은 국토교통부장관이 정하여 고시한다.
[본조신설 2021. 7. 20.]

제43조의3(소규모주택정비 관리계획의 내용)

관리계획에는 다음 각 호의 사항이 포함되어야 한다. 다만, 제3호 및 제6호부터 제9호까지의 사항은 필요한 경우로 한정한다.

1. 관리지역의 규모와 정비방향
2. 토지이용계획, 정비기반시설 · 공동이용시설 설치계획 및 교통계획
3. 시장 · 군수등 또는 토지주택공사등이 제17조제3항 또는 제18조제1항에 따라 공동 또는 단독으로 시행하는 소규모주택정비사업(이하 "거점사업"이라 한다)에 관한 계획
4. 거점사업 이외의 소규모주택정비사업에 대한 추진계획
5. 건폐율 · 용적률 등 건축물의 밀도계획
6. 제43조의5 또는 제49조에 따른 임대주택의 공급 및 인수 계획
7. 용도지구 · 용도지역의 지정 및 변경에 관한 계획
8. 「건축법」 제69조에 따른 특별건축구역 및 같은 법 제77조의2에 따른 특별가로구역에 관한 계획
9. 그 밖에 대통령령으로 정하는 사항

[본조신설 2021. 7. 20.]

제43조의4(소규모주택정비 관리지역에 대한 특례)

① 제43조의2제3항에 따라 관리계획의 수립에 대한 승인 · 고시가 있은 경우 해당 관

리지역 및 관리계획 중 「국토의 계획 및 이용에 관한 법률」 제52조제1항 각 호의 어느 하나에 해당하는 사항은 같은 법 제50조에 따라 지구단위계획구역 및 지구단위계획으로 결정·고시된 것으로 본다.

② 관리계획에 제43조의3제7호의 사항이 포함된 경우 관리지역은 관리계획이 고시된 날부터 「국토의 계획 및 이용에 관한 법률」 제36조제1항제1호가목 및 같은 조 제2항에 따라 주거지역을 세분하여 정하는 지역 중 대통령령으로 정하는 지역으로 결정·고시된 것으로 본다.

③ 관리지역에서 소규모주택정비사업의 시행으로 건축물 또는 대지의 일부에 공동이용시설을 설치하는 경우 제48조제2항에도 불구하고 「국토의 계획 및 이용에 관한 법률」 제78조에 따라 해당 지역에 적용되는 용적률에 공동이용시설의 용적률을 더한 범위에서 용적률을 정할 수 있다.

④ 관리지역에서 소규모주택정비사업의 시행으로 건축물을 분양받을 권리에 관하여는 제28조의2를 준용한다. 이 경우 "제17조의2제6항에 따른 고시"는 "제43조의2제3항에 따른 관리계획의 고시"로, "시장·군수등"은 "시·도지사"로, "사업시행예정구역 지정 고시"는 "관리계획 승인·고시"로 각각 본다.
[본조신설 2021. 7. 20.]

제43조의5(관리지역에서의 임대주택의 공급 및 인수)

① 사업시행자는 관리지역에서 소규모주택정비사업의 시행으로 제43조의4제2항에 따라 용도지역이 변경된 경우 변경된 용도지역에서의 용적률에서 종전의 용도지역의 용적률을 뺀 용적률의 100분의 50 이하로서 시·도조례로 정하는 비율에 해당하는 면적에 임대주택을 건설하여 시·도지사, 시장·군수등 또는 토지주택공사등에 공급하여야 한다. 이 경우 사업시행자는 건축설계가 확정되기 전에 미리 주택에 관한 사항을 시·도지사, 시장·군수등 또는 토지주택공사등과 협의한 후 이를 사업시행계획서에 반영하여야 한다.

② 관리지역에서 시행하는 거점사업의 사업시행자는 제1항에도 불구하고 변경된 용도지역에서의 용적률에서 종전의 용도지역의 용적률을 뺀 용적률의 100분의 15 이상 100분의 30 이하의 범위에서 시·도조례로 정하는 비율 이상이 되도록 임대주택을

건설하여야 한다.

③ 제1항에 따른 임대주택의 공급가격은 「공공주택 특별법」 제50조의4에 따라 국토교통부장관이 고시하는 공공건설임대주택의 표준건축비로 하며, 부속토지는 시 · 도지사, 시장 · 군수등 또는 토지주택공사등에게 기부채납한 것으로 본다.

④ 제1항부터 제3항까지의 규정에 따라 인수된 주택은 대통령령으로 정하는 임대주택으로 활용하여야 한다. 이 경우 주택의 인수를 위한 절차와 방법 등에 필요한 사항은 대통령령으로 정한다.
[본조신설 2021. 7. 20.]

제4장 사업 활성화를 위한 지원

제44조(보조 및 융자)

① 국가 또는 시·도지사는 제43조의2제3항에 따라 승인·고시된 관리계획에 따라 시장, 군수, 자치구의 구청장 또는 토지주택공사등이 설치하는 정비기반시설 또는 공동이용시설 설치 비용의 전부 또는 일부를 보조하거나 융자할 수 있다.

② 시·도지사, 시장·군수 또는 자치구의 구청장은 시장·군수등이 아닌 사업시행자가 시행하는 빈집정비사업 또는 소규모주택정비사업에 드는 비용의 일부를 보조 또는 출자·융자하거나 융자를 알선할 수 있다.

③ 시·도지사는 시장, 군수, 자치구의 구청장 또는 토지주택공사등이 시행하는 다음 각 호의 어느 하나에 해당하는 비용의 전부 또는 일부를 보조하거나 융자할 수 있다.

1. 제4조에 따른 빈집정비계획 수립 비용
2. 제5조에 따른 실태조사 비용
3. 제9조에 따른 빈집정비사업 비용
4. 제43조에 따른 정비기반시설 또는 공동이용시설의 설치 비용

[전문개정 2021. 7. 20.]

제45조(공동이용시설 사용료 등의 감면)

① 지방자치단체의 장은 마을공동체 활성화 등 공익 목적을 위하여 「공유재산 및 물품 관리법」 제20조 및 제28조에 따라 사업시행구역 내 공동이용시설에 대한 사용 허가 또는 대부를 하는 경우 같은 법 제22조 및 제32조에도 불구하고 사용료 또는 대부료를 감면할 수 있다.

② 제1항에 따른 공익 목적의 기준, 사용료·대부료 감면 대상 및 그 밖에 필요한 사항은 시·도조례로 정한다.

제46조(빈집정비사업에 대한 특례)

빈집정비사업의 사업시행자가 빈집밀집구역 내 빈집을 개축 또는 용도변경하는 경우 해당 빈집이 법령의 제정·개정이나 그 밖에 대통령령으로 정하는 사유로 대지나 건축물이 법령에 맞지 아니하더라도 다음 각 호의 기준에 대하여 기존 빈집의 범위에서 지방건축위원회의 심의를 거쳐 그 기준을 완화받을 수 있다. 〈개정 2019. 4. 23.〉

1. 「건축법」 제42조에 따른 대지의 조경기준
2. 「건축법」 제46조에 따른 건축선의 지정
3. 「건축법」 제55조에 따른 건폐율의 산정기준
4. 「건축법」 제56조에 따른 용적률의 산정기준
5. 「건축법」 제58조에 따른 대지 안의 공지기준
6. 「건축법」 제60조 및 제61조에 따른 건축물의 높이 제한
7. 「민법」 제242조에 따른 건축물과 경계선 간의 거리

제47조(정비구역의 행위제한에 관한 특례)

사업시행자는 「도시 및 주거환경정비법」 제19조에도 불구하고 같은 법 제23조제1항제1호의 방법으로 주거환경개선사업을 시행하는 정비구역에서 빈집정비사업 또는 소규모주택정비사업을 시행할 수 있다.

제48조(건축규제의 완화 등에 관한 특례)

① 사업시행자는 자율주택정비사업(「도시재생 활성화 및 지원에 관한 특별법」 제2조제1항제6호나목에 따른 근린재생형 활성화계획에 따라 시행하거나 빈집밀집구역, 관리지역에서 시행하는 경우 또는 시·도조례로 정하는 경우로 한정한다), 가로주택정비사업, 소규모재건축사업, 소규모재개발사업 또는 취약주택정비사업의 시행으로 건설하는 건축물에 대하여 다음 각 호의 어느 하나에 해당하는 사항은 대통령령으로 정하는 범위에서 지방건축위원회의 심의를 거쳐 그 기준을 완화받을 수 있다. 〈개정 2019. 4. 23., 2021. 7. 20., 2021. 10. 19.〉

1. 「건축법」 제42조에 따른 대지의 조경기준
2. 「건축법」 제55조에 따른 건폐율의 산정기준(경사지에 위치한 가로구역으로 한정한다)
3. 「건축법」 제58조에 따른 대지 안의 공지기준
4. 「건축법」 제60조 및 제61조에 따른 건축물의 높이 제한
5. 「주택법」 제35조제1항제3호 및 제4호에 따른 부대시설 및 복리시설의 설치기준
6. 제1호부터 제5호까지에서 규정한 사항 외에 사업의 원활한 시행을 위하여 대통령령으로 정하는 사항

② 사업시행자는 소규모주택정비사업 시행구역 내 건축물 또는 대지의 일부에 다음 각 호의 어느 하나에 해당하는 시설을 설치하는 경우에는 「국토의 계획 및 이용에 관한 법률」 제78조에 따라 해당 지역에 적용되는 용적률에 그 시설에 해당하는 용적률

을 더한 범위에서 시 · 도조례로 정하는 용적률을 적용받을 수 있다. 이 경우 용적률의 산정방법 등에 관한 사항은 대통령령으로 정한다. 〈개정 2019. 4. 23.〉

1. 정비기반시설
2. 공동이용시설
3. 「주택법」 제2조제14호에 따른 복리시설로서 대통령령으로 정하는 공동시설

③ 시장 · 군수등은 사업시행자가 빈집정비사업 또는 소규모주택정비사업의 시행으로 건설하는 건축물에 대하여 대통령령으로 정하는 범위에서 「주차장법」 제2조제1호에 따른 노상주차장 및 노외주차장을 사용할 수 있는 권리(이하 "주차장 사용권"이라 한다)를 확보하는 경우 그에 상응하는 범위에서 주차장 설치기준을 완화할 수 있다.

④ 제3항에 따른 주차장 사용권의 확보를 위한 방법 및 절차, 비용의 산정기준 및 감액기준 등에 필요한 사항은 시 · 도조례로 정한다.

⑤ 시장 · 군수등 또는 토지주택공사등은 관리지역에서 거점사업을 시행하는 경우 대통령령으로 정하는 바에 따라 서로 연접한 사업시행구역을 하나의 사업시행구역으로 통합하여 시행할 수 있다. 〈신설 2021. 7. 20.〉

⑥ 제5항에 따라 서로 연접한 사업시행구역을 하나의 사업시행구역으로 통합하여 시행하는 경우에는 제49조제1항에 따른 공공임대주택의 임대주택 비율을 해당 사업시행구역마다 적용하지 아니하고 전체 사업시행구역의 전부 또는 일부를 대상으로 통합하여 적용할 수 있다. 〈신설 2021. 7. 20.〉

제48조(건축규제의 완화 등에 관한 특례)

① 사업시행자는 자율주택정비사업(「도시재생 활성화 및 지원에 관한 특별법」 제2조제1항제6호나목에 따른 근린재생형 활성화계획에 따라 시행하거나 빈집밀집구역, 관리지역에서 시행하는 경우 또는 시 · 도조례로 정하는 경우로 한정한다), 가로주택정비사업, 소규모재건축사업, 소규모재개발사업 또는 취약주택정비사업의 시행으로 건설하는 건축물에 대하여 다음 각 호의 어느 하나에 해당하는 사항은 대통령령으로 정하는 범위에서 지방건축위원회의 심의를 거쳐 그 기준을 완화받을 수 있다. 〈개정 2019. 4. 23., 2021. 7. 20., 2021. 10. 19.〉

1. 「건축법」 제42조에 따른 대지의 조경기준
2. 「건축법」 제55조에 따른 건폐율의 산정기준(경사지에 위치한 가로구역으로 한정한다)
3. 「건축법」 제58조에 따른 대지 안의 공지기준
4. 「건축법」 제60조 및 제61조에 따른 건축물의 높이 제한
5. 「주택법」 제35조제1항제3호 및 제4호에 따른 부대시설 및 복리시설의 설치기준
6. 제1호부터 제5호까지에서 규정한 사항 외에 사업의 원활한 시행을 위하여 대통령령으로 정하는 사항

② 사업시행자는 소규모주택정비사업 시행구역 내 건축물 또는 대지의 일부에 다음 각 호의 어느 하나에 해당하는 시설을 설치하는 경우에는 「국토의 계획 및 이용에 관한 법률」 제78조에 따라 해당 지역에 적용되는 용적률에 그 시설에 해당하는 용적률을 더한 범위에서 시·도조례로 정하는 용적률을 적용받을 수 있다. 이 경우 용적률의 산정방법 등에 관한 사항은 대통령령으로 정한다. 〈개정 2019. 4. 23.〉

1. 정비기반시설
2. 공동이용시설
3. 「주택법」 제2조제14호에 따른 복리시설로서 대통령령으로 정하는 공동시설

③ 시장·군수등은 사업시행자가 빈집정비사업 또는 소규모주택정비사업의 시행으로 건설하는 건축물에 대하여 대통령령으로 정하는 범위에서 「주차장법」 제2조제1호에 따른 주차장을 사용할 수 있는 권리(이하 "주차장 사용권"이라 한다)를 확보하는 경우 그에 상응하는 범위에서 주차장 설치기준을 완화할 수 있다. 〈개정 2022. 2. 3.〉

④ 제3항에 따른 주차장 사용권의 확보를 위한 방법 및 절차, 비용의 산정기준 및 감액기준 등에 필요한 사항은 시·도조례로 정한다.

⑤ 시장·군수등 또는 토지주택공사등은 관리지역에서 거점사업을 시행하는 경우 대통령령으로 정하는 바에 따라 서로 연접한 사업시행구역을 하나의 사업시행구역으로 통합하여 시행할 수 있다. 〈신설 2021. 7. 20.〉

⑥ 제5항에 따라 서로 연접한 사업시행구역을 하나의 사업시행구역으로 통합하여 시행하는 경우에는 제49조제1항에 따른 공공임대주택의 임대주택 비율을 해당 사업시행구역마다 적용하지 아니하고 전체 사업시행구역의 전부 또는 일부를 대상으로 통합하

여 적용할 수 있다. 〈신설 2021. 7. 20.〉
[시행일: 2022. 8. 4.] 제48조

제49조(임대주택 건설에 따른 특례)

① 사업시행자는 빈집정비사업 또는 소규모주택정비사업의 시행으로 다음 각 호와 같이 임대주택을 건설하는 경우 「국토의 계획 및 이용에 관한 법률」 제78조에 따라 시·도조례로 정한 용적률에도 불구하고 다음 각 호에 따른 용적률의 상한까지 건축할 수 있다. 〈개정 2018. 1. 16., 2019. 4. 23., 2020. 8. 18., 2021. 7. 20., 2021. 10. 19.〉

1. 공공임대주택 또는 공공지원민간임대주택을 임대주택 비율(건축물의 전체 연면적 대비 임대주택 연면적의 비율 또는 전체 세대수 대비 임대주택 세대수의 비율을 의미한다. 이하 이 항에서 같다)이 20퍼센트 이상의 범위에서 시·도조례로 정하는 비율 이상이 되도록 건설하는 경우: 「국토의 계획 및 이용에 관한 법률」 제78조 및 관계 법령에 따른 용적률의 상한(이하 "법적상한용적률"이라 한다)
2. 공공임대주택을 임대주택 비율이 10퍼센트 이상 20퍼센트 미만이 되도록 건설하는 경우: 임대수택 비율에 비례하여 시·도조례로 정하는 방법에 따라 산정된 용적률의 상한

② 사업시행자가 전체 세대수의 10퍼센트 이상을 임대주택으로 건설하고 제1항에 따라 용적률을 완화받은 경우 그 임대주택을 국토교통부장관, 시·도지사, 시장·군수등, 토지주택공사등 또는 주택도시기금이 총지분의 100분의 50을 초과하여 출자한 「부동산투자회사법」에 따른 부동산투자회사(이하 이 조에서 "인수자"라 한다)에 공급하여야 한다. 〈신설 2019. 4. 23., 2020. 8. 18.〉

③ 사업시행자는 다음 각 호의 어느 하나에 해당하는 경우 건축설계가 확정되기 전에 미리 세대면적, 세대수 등 임대주택에 관한 사항을 인수자와 협의한 후 이를 사업시행계획서에 반영하여야 한다. 〈신설 2019. 4. 23.〉

1. 공공임대주택을 건설하는 경우
2. 제2항에 따라 임대주택을 공급하는 경우

④ 제2항에 따른 임대주택의 인수가격은 건축비와 부속토지의 가격을 합한 금액을 기초로 산정하되, 사업여건 등을 고려하여 사업시행자와 인수자 간 협의로써 조정할 수

있다. 〈신설 2019. 4. 23., 2020. 6. 9.〉

⑤ 제2항에 따른 임대주택의 공급 방법 · 절차, 제4항에 따른 건축비의 산정 및 부속 토지의 가격 등에 관한 사항은 대통령령으로 정한다. 〈신설 2019. 4. 23.〉

⑥ 시장 · 군수등은 사업시행자가 제51조제1항에 따른 임대주택을 다세대주택이나 다가구주택으로 건설하는 경우 주차장 설치기준에 관하여 「주택법」 제35조에도 불구하고 대통령령으로 정하는 기준을 적용한다. 〈개정 2019. 4. 23.〉

⑦ 제1항에도 불구하고 소규모재건축사업을 시행하는 사업시행자는 「국토의 계획 및 이용에 관한 법률」 제78조에 따라 시 · 도조례로 정한 용적률에도 불구하고 제27조에 따른 통합심의를 거쳐 법적상한용적률까지 건축할 수 있다. 이 경우 사업시행자(제18조제1항제1호에 따라 소규모재건축사업을 시행하는 경우의 사업시행자는 제외한다)는 법적상한용적률에서 시 · 도조례로 정한 용적률을 뺀 용적률의 100분의 20 이상 100분의 50 이하로서 시 · 도조례로 정하는 비율에 해당하는 면적에 국민주택규모 주택을 건설하여 국토교통부장관, 시 · 도지사, 시장 · 군수등 또는 토지주택공사등에 공급하여야 한다. 〈신설 2021. 10. 19.〉

⑧ 공공소규모재건축사업을 시행 또는 대행하는 공공시행자등은 법적상한용적률에도 불구하고 제27조에 따른 통합심의를 거쳐 법적상한용적률의 100분의 120까지 건축할 수 있다. 〈신설 2021. 10. 19.〉

⑨ 공공시행자등은 제8항에 따라 건축하는 경우 제1항 및 제7항에도 불구하고 법적상한용적률을 초과하는 용적률에서 법적상한용적률을 뺀 용적률의 100분의 20 이상 100분의 50 이하로서 시 · 도조례로 정하는 비율에 해당하는 면적에 국민주택규모 주택을 건설하여 국토교통부장관, 시 · 도지사, 시장 · 군수등 또는 토지주택공사등에 공급하여야 한다. 다만, 제18조제1항제1호에 따라 공공소규모재건축사업을 시행하는 경우에는 그러하지 아니하다. 〈신설 2021. 10. 19.〉

⑩ 제7항 및 제9항에 따른 국민주택규모 주택의 공급 및 인수에 관하여는 「도시 및 주거환경정비법」 제55조를 준용한다. 〈신설 2021. 10. 19.〉

제49조(임대주택 건설에 따른 특례)

① 사업시행자는 빈집정비사업 또는 소규모주택정비사업의 시행으로 다음 각 호와 같이 임대주택을 건설하는 경우 「국토의 계획 및 이용에 관한 법률」 제78조에 따라 시ㆍ도조례로 정한 용적률에도 불구하고 다음 각 호에 따른 용적률의 상한까지 건축할 수 있다. 〈개정 2018. 1. 16., 2019. 4. 23., 2020. 8. 18., 2021. 7. 20., 2021. 10. 19., 2022. 2. 3.〉

1. 공공임대주택 또는 공공지원민간임대주택을 임대주택 비율(건축물의 전체 연면적 대비 임대주택 연면적의 비율 또는 전체 세대수 대비 임대주택 세대수의 비율을 의미한다. 이하 이 조에서 같다)이 20퍼센트 이상의 범위에서 시ㆍ도조례로 정하는 비율 이상이 되도록 건설하는 경우: 「국토의 계획 및 이용에 관한 법률」 제78조 및 관계 법령에 따른 용적률의 상한(이하 "법적상한용적률"이라 한다)
2. 공공임대주택을 임대주택 비율이 10퍼센트 이상 20퍼센트 미만이 되도록 건설하는 경우: 임대주택 비율에 비례하여 시ㆍ도조례로 정하는 방법에 따라 산정된 용적률의 상한

② 사업시행자가 공공임대주택을 임대주택 비율이 10퍼센트 이상이 되도록 건설하고 제1항에 따라 용적률을 완화받은 경우 그 공공임대주택을 국토교통부장관, 시ㆍ도지사, 시장ㆍ군수등, 토지주택공사등 또는 주택도시기금이 총지분의 100분의 50을 초과하여 출자한 「부동산투자회사법」에 따른 부동산투자회사(이하 이 조에서 "인수자"라 한다)에 공급하여야 한다. 〈신설 2019. 4. 23., 2020. 8. 18., 2022. 2. 3.〉

③ 사업시행자는 다음 각 호의 어느 하나에 해당하는 경우 건축설계가 확정되기 전에 미리 세대면적, 세대수 등 임대주택에 관한 사항을 인수자와 협의한 후 이를 사업시행계획서에 반영하여야 한다. 〈신설 2019. 4. 23., 2022. 2. 3.〉

1. 공공임대주택을 건설하는 경우
2. 제2항에 따라 공공임대주택을 공급하는 경우

④ 제2항에 따른 공공임대주택의 인수가격은 건축비와 부속토지의 가격을 합한 금액을 기초로 산정하되, 사업여건 등을 고려하여 사업시행자와 인수자 간 협의로써 조정할 수 있다. 〈신설 2019. 4. 23., 2020. 6. 9., 2022. 2. 3.〉

⑤ 제2항에 따른 공공임대주택의 공급 방법ㆍ절차, 제4항에 따른 건축비의 산정 및

부속토지의 가격 등에 관한 사항은 대통령령으로 정한다. 〈신설 2019. 4. 23., 2022. 2. 3.〉

⑥ 시장·군수등은 사업시행자가 제51조제1항에 따른 임대주택을 다세대주택이나 다가구주택으로 건설하는 경우 주차장 설치기준에 관하여 「주택법」 제35조에도 불구하고 대통령령으로 정하는 기준을 적용할 수 있다. 〈개정 2019. 4. 23., 2022. 2. 3.〉

⑦ 제1항에도 불구하고 소규모재건축사업을 시행하는 사업시행자는 「국토의 계획 및 이용에 관한 법률」 제78조에 따라 시·도조례로 정한 용적률에도 불구하고 제27조에 따른 통합심의를 거쳐 법적상한용적률까지 건축할 수 있다. 이 경우 사업시행자(제18조제1항제1호에 따라 소규모재건축사업을 시행하는 경우의 사업시행자는 제외한다)는 법적상한용적률에서 시·도조례로 정한 용적률을 뺀 용적률의 100분의 20 이상 100분의 50 이하로서 시·도조례로 정하는 비율에 해당하는 면적에 국민주택규모 주택을 건설하여 국토교통부장관, 시·도지사, 시장·군수등 또는 토지주택공사등에 공급하여야 한다. 〈신설 2021. 10. 19.〉

⑧ 공공소규모재건축사업을 시행 또는 대행하는 공공시행자등은 법적상한용적률에도 불구하고 제27조에 따른 통합심의를 거쳐 법적상한용적률의 100분의 120까지 건축할 수 있다. 〈신설 2021. 10. 19.〉

⑨ 공공시행자등은 제8항에 따라 건축하는 경우 제1항 및 제7항에도 불구하고 법적상한용적률을 초과하는 용적률에서 법적상한용적률을 뺀 용적률의 100분의 20 이상 100분의 50 이하로서 시·도조례로 정하는 비율에 해당하는 면적에 국민주택규모 주택을 건설하여 국토교통부장관, 시·도지사, 시장·군수등 또는 토지주택공사등에 공급하여야 한다. 다만, 제18조제1항제1호에 따라 공공소규모재건축사업을 시행하는 경우에는 그러하지 아니하다. 〈신설 2021. 10. 19.〉

⑩ 제7항 및 제9항에 따른 국민주택규모 주택의 공급 및 인수에 관하여는 「도시 및 주거환경정비법」 제55조를 준용한다. 〈신설 2021. 10. 19.〉
[시행일: 2022. 8. 4.] 제49조

제49조의2(소규모재개발사업의 용적률 등에 관한 특례)

① 제2조제1항제3호라목에 따른 역세권에서 시행하는 소규모재개발사업의 사업시행구역은 제29조에 따른 사업시행계획인가가 있은 날부터 「국토의 계획 및 이용에 관한 법률」 제36조제1항제1호가목 및 같은 조 제2항에 따라 주거지역을 세분하여 정하는 지역 중 대통령령으로 정하는 지역으로 결정 · 고시된 것으로 보아 법적상한용적률까지 용적률을 정할 수 있으며, 이 경우 제27조에 따른 통합심의를 거쳐야 한다. 다만, 시장 · 군수등이 소규모재개발사업을 위하여 필요하다고 인정하여 해당 사업시행구역의 일부를 종전 용도지역으로 그대로 유지하거나 동일 면적의 범위에서 위치를 변경하는 내용으로 사업시행예정구역을 지정한 경우에는 그러하지 아니하다. 〈개정 2021. 10. 19.〉

② 사업시행자는 제1항에 따른 용적률이 「국토의 계획 및 이용에 관한 법률」 제78조에 따라 시 · 도조례로 정한 용적률을 초과한 경우 그 초과한 용적률의 100분의 50 이하로서 시 · 도조례로 정하는 비율에 해당하는 면적에 대통령령으로 정하는 주택 등 건축물을 건설하여 시 · 도지사, 시장 · 군수등 또는 토지주택공사등에 공급하여야 한다. 이 경우 사업시행자는 건축설계가 확정되기 전에 미리 주택 등 건축물에 관한 사항을 시 · 도지사, 시장 · 군수등 또는 토지주택공사등과 협의한 후 이를 사업시행계획서에 반영하여야 한다.

③ 제2항에 따른 주택 등의 공급가격은 「공공주택 특별법」 제50조의4에 따라 국토교통부장관이 고시하는 공공건설임대주택의 표준건축비로 하며, 부속토지는 시 · 도지사, 시장 · 군수등 또는 토지주택공사등에게 기부채납한 것으로 본다.

④ 제2항 및 제3항에 따라 인수된 주택 등은 대통령령으로 정하는 임대주택 등으로 활용하여야 한다. 이 경우 주택 등의 인수를 위한 절차와 방법 등에 필요한 사항은 대통령령으로 정한다.
[본조신설 2021. 7. 20.]

제50조(정비지원기구)

① 국토교통부장관은 빈집정비사업 및 소규모주택정비사업의 활성화를 위하여 다음 각 호의 어느 하나의 기관을 정비지원기구로 지정할 수 있다.

1. 「한국토지주택공사법」에 따라 설립된 한국토지주택공사(이하 "한국토지주택공사"

라 한다)

2. 「정부출연연구기관 등의 설립 · 운영 및 육성에 관한 법률」에 따라 설립된 국토연구원

3. 그 밖에 대통령령으로 정하는 공공기관

② 정비지원기구는 다음 각 호의 업무를 대행할 수 있다. 〈개정 2021. 7. 20.〉

1. 빈집정비사업 및 소규모주택정비사업의 정책 지원

2. 빈집정비사업 및 소규모주택정비사업의 상담 및 교육 지원

3. 빈집정비사업 및 소규모주택정비사업의 사업시행계획 및 관리처분계획의 수립 지원

3의2. 관리계획의 수립 지원 및 소규모주택정비사업의 관리 지원

4. 그 밖에 국토교통부령으로 정하는 업무

③ 정비지원기구의 구성 및 운영 등에 관한 사항은 대통령령으로 정한다.

제50조(정비지원기구)

① 국토교통부장관은 빈집정비사업 및 소규모주택정비사업의 활성화를 위하여 다음 각 호에 해당하는 기관을 정비지원기구로 지정할 수 있다. 〈개정 2022. 2. 3.〉

1. 「한국토지주택공사법」에 따라 설립된 한국토지주택공사(이하 "한국토지주택공사"라 한다)

2. 「정부출연연구기관 등의 설립 · 운영 및 육성에 관한 법률」에 따라 설립된 국토연구원

3. 그 밖에 대통령령으로 정하는 공공기관

② 정비지원기구는 다음 각 호의 업무를 대행할 수 있다. 〈개정 2021. 7. 20.〉

1. 빈집정비사업 및 소규모주택정비사업의 정책 지원

2. 빈집정비사업 및 소규모주택정비사업의 상담 및 교육 지원

3. 빈집정비사업 및 소규모주택정비사업의 사업시행계획 및 관리처분계획의 수립 지원

3의2. 관리계획의 수립 지원 및 소규모주택정비사업의 관리 지원

4. 그 밖에 국토교통부령으로 정하는 업무

③ 정비지원기구의 구성 및 운영 등에 관한 사항은 대통령령으로 정한다.
[시행일: 2022. 8. 4.] 제50조

제51조(임대관리업무 등의 지원)

① 국토교통부장관 또는 지방자치단체의 장은 빈집정비사업 또는 소규모주택정비사업의 사업시행자가 자신이 소유한 주택을 개량한 후 의무임대기간, 최초 임대료 및 연간인상률 등 대통령령으로 정하는 조건을 갖춘 임대주택으로 공급하는 경우 다음 각 호의 업무(임대주택에 부속된 「건축법」 제2조에 따른 근린생활시설에 대한 임대업무를 포함한다. 이하 "임대관리업무"라 한다)를 지원할 수 있다.

1. 임대사업을 하려는 자의 모집 및 선정
2. 임대주택의 건설 및 매입
3. 임차인의 모집 · 입주 및 명도 · 퇴거
4. 임대료의 부과 · 징수 등의 업무

② 국토교통부장관 또는 지방자치단체의 장은 임대관리업무를 한국토지주택공사에 위탁할 수 있다. 이 경우 위탁을 받은 한국토지주택공사는 「민간임대주택에 관한 특별법」 제7조에 따른 주택임대관리업을 하는 자에게 다시 위탁할 수 있다.

③ 국토교통부장관 또는 지방자치단체의 장(제2항에 따라 임대관리업무를 위탁 · 수행하는 한국토지주택공사의 장을 포함한다. 이하 이 조에서 같다)은 임대관리업무를 수행하기 위하여 입주자 자격의 확인 등이 필요한 경우 「주택법」 제55조에 따른 자료 또는 정보의 제공을 관계 행정기관의 장에게 요청할 수 있다. 이 경우 관계 기관의 장은 특별한 사유가 없으면 이에 따라야 한다.

④ 국토교통부장관 또는 지방자치단체의 장은 임대관리업무를 효율적으로 지원하기 위하여 「민간임대주택에 관한 특별법」 제60조에 따른 임대주택정보체계와 연계하거나 활용할 수 있다.

⑤ 제1항 및 제2항에 따라 한국토지주택공사가 지원하는 임대사업자는 「민간임대주택에 관한 특별법」 제49조제1항에도 불구하고 대통령령으로 정하는 바에 따라 임대보증금에 대한 보증에 가입하지 아니할 수 있다.

⑥ 국토교통부장관은 제1항에 따른 임대주택을 공급하는 자가 한국토지주택공사 외의 자에게 임대관리업무를 맡기려는 경우에는 해당 업무를 맡기려는 자에게 임대인 및 임차인의 권리보호를 위하여 보증상품에 가입할 것을 요구할 수 있다.

⑦ 제1항에 따른 임대관리업무의 지원에 필요한 기준 · 방법 및 절차 등에 관한 사항은 대통령령으로 정한다.

제5장 보칙

제52조(빈집정비사업의 지침고시 등)

① 국토교통부장관은 시장 · 군수등이 빈집정비사업을 효율적이고 체계적으로 추진할 수 있도록 다음 각 호의 어느 하나에 해당하는 사항에 대하여 지침을 정하여 고시할 수 있다.

1. 빈집정비계획의 수립
2. 빈집실태조사의 방법 및 기준
3. 빈집의 철거 및 관리
4. 그 밖에 대통령령으로 정하는 사항

② 국토교통부장관은 제1항에 따른 내용의 이행 여부를 점검하기 위하여 시장 · 군수등에게 자료 또는 정보의 제공을 요청하거나 보고를 하게 할 수 있다. 이 경우 시장 · 군수등은 특별한 사유가 없으면 이에 따라야 한다.

③ 국토교통부장관은 빈집의 정비 및 활용에 관한 정책의 수립 등을 위하여 필요한 경우 관계 중앙행정기관의 장, 지방자치단체의 장 또는 공공기관의 장에게 빈집정보와 관련한 자료의 제출을 요청할 수 있다. 이 경우 요청을 받은 기관의 장은 특별한 사유가 없으면 이에 따라야 한다.

제53조(기술지원 및 정보제공)

① 시장 · 군수등은 빈집정비사업 및 소규모주택정비사업의 활성화를 위하여 사업시행자 등에게 다음 각 호에 해당하는 기술지원 및 정보제공을 할 수 있다.

1. 주택의 설계 · 시공 · 유지관리(「공동주택관리법」 제2조제1항제2호에 따른 의무관리대상 공동주택은 제외한다)
2. 주민합의체의 구성 및 조합의 설립
3. 사업시행계획 및 관리처분계획의 수립
4. 그 밖에 시 · 도조례로 정하는 사항

② 시장 · 군수등은 제1항에 따른 기술지원 및 정보제공을 효율적으로 수행하기 위하여 다음 각 호의 어느 하나에 해당하는 센터를 활용할 수 있다.

1. 「도시재생 활성화 및 지원에 관한 특별법」 제11조에 따라 설치된 도시재생지원센터

2. 「주거기본법」 제22조에 따라 설치된 주거복지센터

3. 「건축법」 제35조의2에 따라 설치된 주택관리지원센터

4. 「장애인 · 고령자 등 주거약자 지원에 관한 법률」 제17조에 따라 설치된 주거지원센터

5. 그 밖에 지방자치단체의 조례에 따라 제1호부터 제4호까지와 유사한 목적으로 설치된 센터

제54조(감독 등)

① 시 · 도지사는 소규모주택정비사업의 추진실적을 분기별로 국토교통부장관에게, 시장 · 군수 및 자치구의 구청장은 특별시장 · 광역시장 또는 도지사에게 보고하여야 한다.

② 국토교통부장관, 시 · 도지사, 시장 · 군수 및 자치구의 구청장은 정비사업의 원활한 시행을 위하여 감독이 필요한 때에는 사업시행자 · 정비사업전문관리업자 · 철거업자 · 설계자 및 시공자 등 이 법에 따른 업무를 하는 자에게 국토교통부령으로 정하는 내용에 따라 보고 또는 자료의 제출을 명할 수 있으며 소속 공무원에게 그 업무에 관한 사항을 조사하게 할 수 있다. 〈개정 2020. 6. 9.〉

③ 시장 · 군수등 또는 토지주택공사등이 아닌 사업시행자는 「주식회사의 외부감사에 관한 법률」 제3조에 따른 감사인의 회계감사를 받아야 한다.

④ 국토교통부장관, 시 · 도지사, 시장 · 군수 및 자치구의 구청장은 이 법 또는 이 법에 따른 명령 · 처분이나 사업시행계획서에 위반되었다고 인정되는 때에는 소규모주택정비사업의 적정한 시행을 위하여 필요한 범위에서 사업시행계획인가 취소 등의 조치를 취할 수 있다. 이 경우 국토교통부장관, 시 · 도지사, 시장 · 군수 및 자치구의 구청장은 관계 공무원 및 전문가로 구성된 점검반을 구성하여 소규모주택정비사업 현장조사를 통하여 분쟁의 조정, 위법사항의 시정요구 등 필요한 조치를 할 수 있다.

⑤ 사업시행자(조합의 경우 청산인을 포함한 조합임원, 토지등소유자가 단독으로 시행하는 사업의 경우 그 대표자를 말한다)는 소규모주택정비사업의 시행에 관한 서류 및 관련 자료가 작성되거나 변경된 후 15일 이내에 이를 조합원, 토지등소유자 또는 세입자가 알 수 있도록 인터넷과 그 밖의 방법을 병행하여 공개하여야 한다.

⑥ 사업시행자(조합의 경우 청산인을 포함한 조합임원, 토지등소유자가 단독으로 시행하는 사업의 경우 그 대표자를 말한다) 또는 정비사업전문관리업자는 제5항에 따른 서류 및 관련 자료와 총회 또는 중요한 회의가 있을 때에는 속기록 · 녹음 또는 영상자료를 만들어 청산 시까지 보관하여야 한다.

⑦ 누구든지 주민합의체 대표자, 조합임원의 선임 또는 시공자, 설계자, 정비사업전문관리업자의 선정과 관련하여 다음 각 호의 행위를 하여서는 아니 된다. 〈개정 2019. 8. 20.〉

1. 금품, 향응 또는 그 밖의 재산상 이익을 제공하거나 제공의사를 표시하거나 제공을 약속하는 행위
2. 금품, 향응 또는 그 밖의 재산상 이익을 제공받거나 제공의사 표시를 승낙하는 행위
3. 제3자를 통하여 제1호 또는 제2호에 해당하는 행위를 하는 행위

제54조(감독 등)

① 시 · 도지사는 소규모주택정비사업의 추진실적을 분기별로 국토교통부장관에게, 시장 · 군수 및 자치구의 구청장은 특별시장 · 광역시장 또는 도지사에게 보고하여야 한다.

② 국토교통부장관, 시 · 도지사, 시장 · 군수 및 자치구의 구청장은 정비사업의 원활한 시행을 위하여 감독이 필요한 때에는 사업시행자 · 정비사업전문관리업자 · 철거업자 · 설계자 및 시공자 등 이 법에 따른 업무를 하는 자에게 국토교통부령으로 정하는 내용에 따라 보고 또는 자료의 제출을 명할 수 있으며 소속 공무원에게 그 업무에 관한 사항을 조사하게 할 수 있다. 〈개정 2020. 6. 9.〉

③ 시장 · 군수등 또는 토지주택공사등이 아닌 사업시행자는 「주식회사의 외부감사에 관한 법률」 제3조에 따른 감사인의 회계감사를 받아야 한다.

④ 국토교통부장관, 시 · 도지사, 시장 · 군수 및 자치구의 구청장은 이 법 또는 이 법에 따른 명령 · 처분이나 사업시행계획서에 위반되었다고 인정되는 때에는 소규모주택정비사업의 적정한 시행을 위하여 필요한 범위에서 사업시행계획인가 취소 등의 조치를 취할 수 있다. 이 경우 국토교통부장관, 시 · 도지사, 시장 · 군수 및 자치구의 구청장은 관계 공무원 및 전문가로 구성된 점검반을 구성하여 소규모주택정비사업 현장조사를 통하여 분쟁의 조정, 위법사항의 시정요구 등 필요한 조치를 할 수 있다.

⑤ 사업시행자(조합의 경우 청산인을 포함한 조합임원, 토지등소유자의 경우 주민합의체 대표자를 말한다. 이하 이 조에서 같다)는 소규모주택정비사업의 시행에 관한 서류 및 관련 자료가 작성되거나 변경된 후 15일 이내에 이를 조합원, 토지등소유자 또는 세입자가 알 수 있도록 인터넷과 그 밖의 방법을 병행하여 공개하여야 한다. 이 경우 사업시행자는 조합원, 토지등소유자가 서류 및 관련 자료에 대하여 열람 · 복사 요청을 한 경우 15일 이내에 그 요청에 따라야 한다. 〈개정 2022. 2. 3.〉

⑥ 사업시행자 또는 정비사업전문관리업자는 제5항에 따른 서류 및 관련 자료와 총회 또는 중요한 회의(조합원 또는 토지등소유자의 비용부담을 수반하거나 권리 · 의무의 변동을 발생시키는 경우로서 대통령령으로 정하는 회의를 말한다)가 있을 때에는 속기록 · 녹음 또는 영상자료를 만들어 청산 시까지 보관하여야 한다. 〈개정 2022. 2. 3.〉

⑦ 시장 · 군수등 또는 토지주택공사등이 아닌 사업시행자는 소규모주택정비사업을 완료하거나 폐지한 때에는 시 · 도조례로 정하는 바에 따라 관계 서류를 시장 · 군수등에게 인계하여야 한다. 〈신설 2022. 2. 3.〉

⑧ 누구든지 주민합의체 대표자, 조합임원의 선임 또는 시공자, 설계자, 정비사업전문관리업자의 선정과 관련하여 다음 각 호의 행위를 하여서는 아니 된다. 〈개정 2019. 8. 20., 2022. 2. 3.〉

1. 금품, 향응 또는 그 밖의 재산상 이익을 제공하거나 제공의사를 표시하거나 제공을 약속하는 행위
2. 금품, 향응 또는 그 밖의 재산상 이익을 제공받거나 제공의사 표시를 승낙하는 행위
3. 제3자를 통하여 제1호 또는 제2호에 해당하는 행위를 하는 행위

[시행일: 2022. 8. 4.] 제54조

제55조(다른 법률의 인 · 허가등의 의제 등)

① 사업시행자가 제12조 및 제29조에 따라 사업시행계획인가를 받은 때(시장 · 군수등이 직접 빈집정비사업 또는 소규모주택정비사업을 시행하는 경우에는 사업시행계획서를 작성한 때를 말한다. 이하 이 조에서 같다)에는 다음 각 호의 인 · 허가등이 있은 것으로 보며, 제12조제3항 및 제29조제5항에 따른 사업시행계획인가의 고시가 있은 때에는 다음 각 호의 관계 법률에 따른 인 · 허가등의 고시 · 공고 등이 있은 것으로 본다. 〈개정 2019. 8. 20., 2020. 3. 31., 2020. 6. 9.〉

1. 「주택법」 제15조에 따른 사업계획의 승인
2. 「공공주택 특별법」 제35조에 따른 주택건설사업계획의 승인
3. 「건축법」 제11조에 따른 건축허가, 같은 법 제20조에 따른 가설건축물의 건축허가 또는 축조신고, 같은 법 제29조에 따른 건축협의 및 같은 법 제77조의6에 따른 건축협정 인가
4. 「도로법」 제36조에 따른 도로관리청이 아닌 자에 대한 도로공사 시행의 허가 및 같은 법 제61조에 따른 도로의 점용 허가
5. 「수도법」 제17조에 따른 일반수도사업의 인가 및 같은 법 제52조 또는 제54조에 따른 전용상수도 또는 전용공업용수도 설치의 인가
6. 「하수도법」 제16조에 따른 공공하수도 사업의 허가 및 같은 법 제34조제2항에 따른 개인하수처리시설의 설치신고
7. 「국유재산법」 제30조에 따른 사용허가
8. 「공유재산 및 물품 관리법」 제20조에 따른 사용 · 수익허가
9. 「공간정보의 구축 및 관리 등에 관한 법률」 제86조제1항에 따른 사업의 착수 · 변경 신고
10. 「국토의 계획 및 이용에 관한 법률」 제30조에 따른 도시 · 군관리계획(같은 법 제2조제4호다목의 계획 및 같은 호 마목의 계획 중 같은 법 제51조제1항에 따른 지구단위계획구역 및 지구단위계획만 해당한다)의 결정, 같은 법 제56조에 따른 개발행위의 허가, 같은 법 제86조에 따른 도시 · 군계획시설사업시행자의 지정 및 같은 법 제88조에 따른 실시계획의 인가
11. 「전기안전관리법」 제8조에 따른 자가용전기설비공사계획의 인가 및 신고
12. 「화재예방, 소방시설 설치 · 유지 및 안전관리에 관한 법률」 제7조제1항에 따른 건축허가등의 동의, 「위험물안전관리법」 제6조제1항에 따른 제조소등의 설치의 허가(제조소등은 공장건축물 또는 그 부속시설과 관계있는 것으로 한정한다)
13. 「사도법」 제4조에 따른 사도의 개설 등의 허가

② 사업시행자가 관리지역에서 소규모주택정비사업의 사업시행계획인가를 받은 때에는 제1항에 따른 인 · 허가등 외에 다음 각 호의 인 · 허가등이 있은 것으로 보며, 제29조제5항에 따라 사업시행계획인가를 고시한 때에는 다음 각 호의 관계 법률에 따른 인 · 허가등의 고시 · 공고 등이 있은 것으로 본다. 〈신설 2021. 7. 20.〉

1. 「도시 및 주거환경정비법」 제9조에 따른 정비계획의 수립 및 변경
2. 「도시재생 활성화 및 지원에 관한 특별법」 제20조에 따른 도시재생활성화계획의

수립 및 변경

③ 사업시행자가 공장이 포함된 구역에 대하여 소규모재개발사업의 사업시행계획인가를 받은 때에는 제1항에 따른 인·허가등 외에 다음 각 호의 인·허가등이 있은 것으로 보며, 제29조제5항에 따라 사업시행계획인가를 고시한 때에는 다음 각 호의 관계 법률에 따른 인·허가등의 고시·공고 등이 있은 것으로 본다. 〈신설 2021. 7. 20.〉

1. 「산업집적활성화 및 공장설립에 관한 법률」 제13조에 따른 공장설립등의 승인 및 같은 법 제15조에 따른 공장설립등의 완료신고
2. 「폐기물관리법」 제29조제2항에 따른 폐기물처리시설의 설치승인 또는 설치신고(변경승인 또는 변경신고를 포함한다)
3. 「대기환경보전법」 제23조, 「물환경보전법」 제33조 및 「소음·진동관리법」 제8조에 따른 배출시설 설치의 허가 및 신고

④ 사업시행자는 제1항부터 제3항까지에 따른 인·허가등의 의제를 받으려는 경우에는 사업시행계획인가를 신청하는 때에 해당 법률에서 정하는 관계 서류를 함께 제출하여야 한다. 다만, 사업시행계획인가를 신청한 때에 시공자가 선정되어 있지 아니하여 관계 서류를 제출할 수 없거나 제6항에 따라 사업시행계획인가를 하는 경우에는 시장·군수등이 정하는 기한까지 제출할 수 있다. 〈개정 2020. 6. 9., 2021. 7. 20.〉

⑤ 시장·군수등은 사업시행계획인가를 하거나 사업시행계획서를 작성하는 경우 제1항부터 제3항까지에 따라 의제되는 인·허가등에 해당하는 사항이 있는 때에는 미리 관계 행정기관의 장과 협의하여야 하며, 협의를 요청받은 관계 행정기관의 장은 요청받은 날(제4항 단서의 경우에는 서류가 관계 행정기관의 장에게 도달된 날을 말한다)부터 20일 이내에 의견을 제출하여야 한다. 관계 행정기관의 장이 20일 이내에 의견을 제출하지 아니한 경우에는 협의된 것으로 본다. 〈개정 2021. 7. 20.〉

⑥ 시장·군수등은 제5항에도 불구하고 천재지변이나 그 밖의 불가피한 사유로 긴급히 사업을 시행할 필요가 있다고 인정하는 경우에는 관계 행정기관의 장과 협의를 마치기 전에 사업시행계획인가를 할 수 있다. 이 경우 협의를 마칠 때까지는 제1항부터 제3항까지의 규정에 따른 인·허가등을 받은 것으로 보지 아니한다. 〈개정 2021. 7. 20.〉

⑦ 제1항부터 제3항까지의 규정에 따라 사업에 대하여 다른 법률에 따른 인 · 허가등을 받은 것으로 보는 경우에는 관계 법률 또는 시 · 도조례에 따라 해당 인 · 허가등의 대가로 부과되는 수수료와 해당 국유지 · 공유지의 사용 또는 점용에 따른 사용료 또는 점용료를 면제한다. 〈개정 2021. 7. 20.〉

제55조(다른 법률의 인 · 허가등의 의제 등)

① 사업시행자가 제12조 및 제29조에 따라 사업시행계획인가를 받은 때(시장 · 군수등이 직접 빈집정비사업 또는 소규모주택정비사업을 시행하는 경우에는 사업시행계획서를 작성한 때를 말한다. 이하 이 조에서 같다)에는 다음 각 호의 인 · 허가등이 있은 것으로 보며, 제12조제3항 및 제29조제5항에 따른 사업시행계획인가의 고시가 있은 때에는 다음 각 호의 관계 법률에 따른 인 · 허가등의 고시 · 공고 등이 있은 것으로 본다. 〈개정 2019. 8. 20., 2020. 3. 31., 2020. 6. 9., 2021. 11. 30.〉

1. 「주택법」 제15조에 따른 사업계획의 승인

2. 「공공주택 특별법」 제35조에 따른 주택건설사업계획의 승인

3. 「건축법」 제11조에 따른 건축허가, 같은 법 제20조에 따른 가설건축물의 건축허가 또는 축조신고, 같은 법 제29조에 따른 건축협의 및 같은 법 제77조의6에 따른 건축협정 인가

4. 「도로법」 제36조에 따른 도로관리청이 아닌 자에 대한 도로공사 시행의 허가 및 같은 법 제61조에 따른 도로의 점용 허가

5. 「수도법」 제17조에 따른 일반수도사업의 인가 및 같은 법 제52조 또는 제54조에 따른 전용상수도 또는 전용공업용수도 설치의 인가

6. 「하수도법」 제16조에 따른 공공하수도 사업의 허가 및 같은 법 제34조제2항에 따른 개인하수처리시설의 설치신고

7. 「국유재산법」 제30조에 따른 사용허가

8. 「공유재산 및 물품 관리법」 제20조에 따른 사용 · 수익허가

9. 「공간정보의 구축 및 관리 등에 관한 법률」 제86조제1항에 따른 사업의 착수 · 변경 신고

10. 「국토의 계획 및 이용에 관한 법률」 제30조에 따른 도시 · 군관리계획(같은 법 제2조제4호다목의 계획 및 같은 호 마목의 계획 중 같은 법 제51조제1항에 따른 지구단위계획구역 및 지구단위계획만 해당한다)의 결정, 같은 법 제56조에 따른 개발행위의 허가, 같은 법 제86조에 따른 도시 · 군계획시설사업시행자의 지정 및 같은 법 제88조에 따른 실시계획의 인가

11. 「전기안전관리법」 제8조에 따른 자가용전기설비공사계획의 인가 및 신고

12. 「소방시설 설치 및 관리에 관한 법률」 제6조제1항에 따른 건축허가등의 동의, 「위험물안전관리법」 제6조제1항에 따른 제조소등의 설치의 허가(제조소등은 공장건축물 또는 그 부속시설과 관계있는 것으로 한정한다)

13. 「사도법」 제4조에 따른 사도의 개설 등의 허가

② 사업시행자가 관리지역에서 소규모주택정비사업의 사업시행계획인가를 받은 때에는 제1항에 따른 인·허가등 외에 다음 각 호의 인·허가등이 있은 것으로 보며, 제29조제5항에 따라 사업시행계획인가를 고시한 때에는 다음 각 호의 관계 법률에 따른 인·허가등의 고시·공고 등이 있은 것으로 본다. 〈신설 2021. 7. 20.〉

1. 「도시 및 주거환경정비법」 제9조에 따른 정비계획의 수립 및 변경

2. 「도시재생 활성화 및 지원에 관한 특별법」 제20조에 따른 도시재생활성화계획의 수립 및 변경

③ 사업시행자가 공장이 포함된 구역에 대하여 소규모재개발사업의 사업시행계획인가를 받은 때에는 제1항에 따른 인·허가등 외에 다음 각 호의 인·허가등이 있은 것으로 보며, 제29조제5항에 따라 사업시행계획인가를 고시한 때에는 다음 각 호의 관계 법률에 따른 인·허가등의 고시·공고 등이 있은 것으로 본다. 〈신설 2021. 7. 20.〉

1. 「산업집적활성화 및 공장설립에 관한 법률」 제13조에 따른 공장설립등의 승인 및 같은 법 제15조에 따른 공장설립등의 완료신고

2. 「폐기물관리법」 제29조제2항에 따른 폐기물처리시설의 설치승인 또는 설치신고(변경승인 또는 변경신고를 포함한다)

3. 「대기환경보전법」 제23조, 「물환경보전법」 제33조 및 「소음·진동관리법」 제8조에 따른 배출시설 설치의 허가 및 신고

④ 사업시행자는 제1항부터 제3항까지에 따른 인·허가등의 의제를 받으려는 경우에는 사업시행계획인가를 신청하는 때에 해당 법률에서 정하는 관계 서류를 함께 제출하여야 한다. 다만, 사업시행계획인가를 신청한 때에 시공자가 선정되어 있지 아니하여 관계 서류를 제출할 수 없거나 제6항에 따라 사업시행계획인가를 하는 경우에는 시장·군수등이 정하는 기한까지 제출할 수 있다. 〈개정 2020. 6. 9., 2021. 7. 20.〉

⑤ 시장·군수등은 사업시행계획인가를 하거나 사업시행계획서를 작성하는 경우 제1항부터 제3항까지에 따라 의제되는 인·허가등에 해당하는 사항이 있는 때에는 미리 관계 행정기관의 장과 협의하여야 하며, 협의를 요청받은 관계 행정기관의 장은 요청받은 날(제4항 단서의 경우에는 서류가 관계 행정기관의 장에게 도달된 날을 말한다)부터 20일 이내에 의견을 제출하여야 한다. 관계 행정기관의 장이 20일 이내에 의견을 제출하지 아니한 경우에는 협의된 것으로 본다. 〈개정 2021. 7. 20.〉

⑥ 시장·군수등은 제5항에도 불구하고 천재지변이나 그 밖의 불가피한 사유로 긴급히 사업을 시행할 필요가 있다고 인정하는 경우에는 관계 행정기관의 장과 협의를 마치기 전에 사업시행계획인가를 할 수 있다. 이 경우 협의를 마칠 때까지는 제1항부터 제3항까지의 규정에 따른 인·허가등을 받은 것으로 보지 아니한다. 〈개정 2021. 7. 20.〉

⑦ 제1항부터 제3항까지의 규정에 따라 사업에 대하여 다른 법률에 따른 인·허가등을 받은 것으로 보는 경우에는 관계 법률 또는 시·도조례에 따라 해당 인·허가등의 대가로 부과되는 수수료와 해당 국유지·공유지의 사용 또는 점용에 따른 사용료 또는 점용료를 면제한다. 〈개정 2021. 7. 20.〉

[시행일: 2022. 12. 1.] 제55조

제56조(「도시 및 주거환경정비법」의 준용)

① 토지등소유자의 동의방법 등에 관하여는 「도시 및 주거환경정비법」 제27조, 제36조 및 제37조를, 가로주택정비사업, 소규모재건축사업 및 소규모재개발사업의 사업대행자 지정에 관하여는 같은 법 제28조를, 조합의 법인격·정관·임원 등에 관하여는 같은 법 제38조 및 제40조부터 제46조까지를, 주민대표회의 및 토지등소유자 전체회의 등에 관하여는 같은 법 제47조 및 제48조를, 정비기반시설 기부채납 기준 등에 관하여는 같은 법 제51조를, 용적률 상한 등에 관하여는 같은 법 제54조를, 시장·군수등의 사업시행계획인가 및 사업시행계획서 작성 등에 관하여는 같은 법 제56조 및 제58조를, 시공보증에 관하여는 같은 법 제82조를, 준공인가 및 공사완료의 절차 및 방법 등에 관하여는 같은 법 제83조 및 제85조를, 소유권을 이전한 경우의 대지 및 건축물에 대한 권리 확정 등에 관하여는 같은 법 제87조를, 청산금의 가격평가 방법 및 절차 등에 관하여는 같은 법 제89조 및 제90조를, 부과금 및 연체료의 부과·징수 등에 관하여는 같은 법 제93조를, 정비기반시설 관리자의 비용부담 및 귀속 등에

관하여는 같은 법 제94조 및 제97조를, 정비사업전문관리업자에 관하여는 같은 법 제102조부터 제110조까지를, 소규모주택정비사업의 감독 등에 관하여는 같은 법 제111조부터 제113조까지, 제124조 및 제125조를, 조합임원 등에 대한 교육, 토지등소유자의 설명의무 등에 관하여는 같은 법 제115조, 제120조부터 제122조까지를 준용한다. 이 경우 "재개발사업"은 "자율주택정비사업, 가로주택정비사업 또는 소규모재개발사업"으로, "재건축사업"은 "소규모재건축사업"으로 본다. 〈개정 2019. 4. 23., 2019. 8. 20., 2021. 7. 20.〉

② 다음 각 호의 경우에는 「도시 및 주거환경정비법」을 준용하되, 소규모주택정비사업의 규모 및 특성 등을 고려하여 특별히 규정하여야 할 사항은 대통령령으로 다르게 정할 수 있다. 〈개정 2021. 7. 20.〉

1. 재산 또는 권리 평가 등에 관하여는 같은 법 제74조를 준용한다. 이 경우 "재건축사업"은 "소규모주택정비사업"으로, "조합총회"는 "조합총회, 주민합의체 회의, 주민대표회의 또는 토지등소유자 전체회의"로 본다.

2. 국유·공유재산의 처분 등에 관하여는 같은 법 제98조를 준용한다. 이 경우 "제50조 및 제52조에 따라 인가하려는 사업시행계획 또는 직접 작성하는 사업시행계획서"는 "제29조 및 제30조에 따라 인가하려는 사업시행계획서 또는 직접 작성하는 사업시행계획서"로, "정비구역"은 "사업시행구역"으로 본다.

③ 소규모주택정비사업에서의 지분형주택 등의 공급에 관하여는 「도시 및 주거환경정비법」 제80조를 준용한다. 〈신설 2021. 10. 19.〉
[시행일: 2022. 8. 4.] 제56조

제57조(사업시행자 등의 권리·의무의 승계)

사업시행자와 소규모주택정비사업과 관련하여 권리를 갖는 자(이하 "권리자"라 한다)의 변동이 있은 때에는 종전의 사업시행자와 권리자의 권리·의무는 새로이 사업시행자와 권리자로 된 자가 승계한다.

제58조(벌칙 적용에서 공무원 의제)

「형법」 제129조부터 제132조까지를 적용하는 경우 주민합의체 대표자·조합임원·청산인·전문조합관리인 및 정비사업전문관리업자의 대표자(법인인 경우에는 임원을 말한다)·직원은 공무원으로 본다. 〈개정 2019. 8. 20.〉

제6장 벌칙

제59조(벌칙)

다음 각 호의 어느 하나에 해당하는 자는 5년 이하의 징역 또는 5천만원 이하의 벌금에 처한다. 〈개정 2022. 2. 3.〉

1. 제25조제1항에 따른 토지등소유자의 서면동의서를 위조한 자
2. 제54조제8항 각 호의 어느 하나를 위반하여 금품이나 그 밖의 재산상 이익을 제공하거나 제공의사를 표시하거나 제공을 약속하는 행위를 하거나, 제공받거나 제공의사 표시를 승낙한 자

[시행일: 2022. 8. 4.] 제59조

제60조(벌칙)

다음 각 호의 어느 하나에 해당하는 자는 3년 이하의 징역 또는 3천만원 이하의 벌금에 처한다. 〈개정 2019. 8. 20.〉

1. 제8조제4항을 위반하여 자료 또는 정보를 사용 · 제공 또는 누설한 자
2. 제20조를 위반하여 시공자를 선정한 자 및 시공자로 선정된 자

2의2. 제21조제2항에 따른 계약의 방법을 위반하여 정비사업전문관리업자를 선정한 조합임원(전문조합관리인을 포함한다)

3. 거짓 또는 부정한 방법으로 제24조제2항을 위반하여 조합원 자격을 취득한 자와 조합원 자격을 취득하게 하여준 토지등소유자 및 조합의 임직원(전문조합관리인을 포함한다)
4. 제24조제2항을 회피하여 제28조에 따른 분양주택을 이전 또는 공급받을 목적으로 건축물 또는 토지의 양도 · 양수 사실을 은폐한 자
5. 제25조제1항에 따른 토지등소유자의 서면동의서를 매도하거나 매수한 자
6. 제33조제3항제7호다목 단서를 위반하여 주택을 전매하거나 이의 전매를 알선한 자

제61조(벌칙)

다음 각 호의 어느 하나에 해당하는 자는 2년 이하의 징역 또는 2천만원 이하의 벌금에 처한다. 〈개정 2021. 7. 20., 2022. 2. 3.〉

1. 제23조제7항에 따른 총회의 의결을 거치지 아니하고 사업을 임의로 추진한 조합임원

2. 제23조의3제1항을 위반하여 허가 또는 변경허가를 받지 아니하거나 거짓, 그 밖의 부정한 방법으로 허가 또는 변경허가를 받아 행위를 한 자

3. 제25조제2항에 따른 주민대표회의의 승인을 받지 아니하고 주민대표회의를 구성·운영한 자

4. 제25조제2항에 따라 승인받은 주민대표회의가 구성되어 있음에도 불구하고 임의로 주민대표회의를 구성하여 사업을 추진한 자

5. 제29조에 따른 사업시행계획인가를 받지 아니하고 사업을 시행한 자와 사업시행계획서를 위반하여 건축물을 건축한 자

6. 제29조에 따른 사업시행계획인가를 받지 아니하고 제40조에 따라 소유권을 이전한 자

7. 제54조제4항에 따른 처분의 취소·변경 또는 정지, 그 공사의 중지 및 변경에 관한 명령을 받고도 이에 따르지 아니한 사업시행자, 주민대표회의 및 정비사업전문관리업자

8. 제54조제5항에 따른 서류 및 관련 자료를 거짓으로 공개한 조합임원(토지등소유자가 시행하는 사업의 경우 그 대표자를 말한다)

9. 제54조제5항 후단에 따른 서류 및 관련 자료의 열람·복사 요청에 허위의 사실이 포함된 자료를 열람·복사해 준 조합임원(토지등소유자가 시행하는 사업의 경우 그 대표자를 말한다)

[시행일: 2022. 8. 4.] 제61조

제62조(벌칙)

다음 각 호의 어느 하나에 해당하는 자는 1년 이하의 징역 또는 1천만원 이하의 벌금에 처한다.

1. 제39조제1항에 따른 준공인가를 받지 아니하고 건축물 등을 사용한 자와 같은 조 제5항에 따라 시장·군수등의 사용허가를 받지 아니하고 건축물을 사용하는 자

2. 제54조제3항에 따른 회계감사를 받지 아니한 자

3. 제54조제5항을 위반하여 사업시행과 관련한 서류 및 자료를 인터넷과 그 밖의 방법을 병행하여 공개하지 아니하거나 조합원 또는 토지등소유자의 열람·복사 요청에 따르지 아니하는 조합임원(조합의 청산인 및 토지등소유자가 시행하는 사업의 경우에는 그 대표자, 제19조에 따른 지정개발자가 사업시행자인 경우 그 대표자를 말한다)

4. 제54조제6항을 위반하여 속기록 등을 만들지 아니하거나 관련 자료를 청산 시까지 보관하지 아니한 조합임원(조합의 청산인 및 토지등소유자가 시행하는 사업의 경우에는 그 대표자, 제19조에 따른 지정개발자가 사업시행자인 경우 그 대표자를 말한다)

제63조(양벌규정) 법인의 대표자나 법인 또는 개인의 대리인, 사용인, 그 밖의 종업원이 그 법인 또는 개인의 업무에 관하여 제59조, 제60조, 제61조, 제62조의 어느 하나에 해당하는 위반행위를 하면 그 행위자를 벌하는 외에 그 법인 또는 개인에게도 해당 조문의 벌금형을 과(科)한다. 다만, 법인 또는 개인이 그 위반행위를 방지하기 위하여 해당 업무에 관하여 상당한 주의와 감독을 게을리하지 아니한 경우에는 그러하지 아니하다.

제64조(과태료)

① 제54조제4항에 따라 점검반의 현장조사를 거부·기피 또는 방해한 자에게는 1천만원의 과태료를 부과한다.

② 다음 각 호의 어느 하나에 해당하는 자에게는 500만원 이하의 과태료를 부과한다. 〈개정 2020. 6. 9., 2022. 2. 3.〉

1. 제40조제1항에 따른 통지를 게을리한 자
2. 제54조제2항에 따른 보고 또는 자료의 제출을 게을리한 자
3. 제54조제7항에 따른 관계 서류의 인계를 게을리한 자

③ 제1항 및 제2항에 따른 과태료는 대통령령으로 정하는 방법 및 절차에 따라 국토교통부장관, 시·도지사, 시장·군수 및 자치구의 구청장이 부과·징수한다.
[시행일: 2022. 8. 4.] 제64조

제65조(이행강제금)

① 시장·군수등은 제11조제1항에 따라 조치명령을 받은 후 그 정한 기간 내에 그 조치명령을 이행하지 아니한 소유자에 대하여 「지방세법」에 따라 해당 건축물에 적용되는 1제곱미터의 시가표준액의 100분의 50에 해당하는 금액에 연면적을 곱한 금액 이하의 범위에서 조치명령의 내용에 따라 대통령령으로 정하는 비율을 곱한 금액으로 이행강제금을 부과한다.

② 시장·군수등은 제1항에 따른 이행강제금을 부과하기 전에 상당한 기간을 정하여

그 기간 내에 조치명령을 이행하지 아니할 때에는 이행강제금을 부과 · 징수한다는 뜻을 미리 문서로써 계고하여야 한다.

③ 시장 · 군수등은 제1항에 따른 이행강제금을 부과하는 때에는 이행강제금의 금액 · 부과사유 · 납부기한 · 수납기관 · 불복방법 등을 적은 문서로 하여야 한다.

④ 시장 · 군수등은 최초의 조치명령이 있었던 날을 기준으로 하여 1년에 2회 이내의 범위에서 그 조치명령이 이행될 때까지 반복하여 제1항에 따른 이행강제금을 부과 · 징수할 수 있다.

⑤ 시장 · 군수등은 제11조제1항에 따른 조치명령을 받은 자가 그 명령을 이행하는 경우에는 새로운 이행강제금의 부과를 중지하되, 이미 부과된 이행강제금은 징수하여야 한다.

⑥ 제3항에 따라 이행강제금 부과처분을 받은 자가 이행강제금을 납부기한까지 내지 아니하면 「지방행정제재 · 부과금의 징수 등에 관한 법률」에 따라 징수한다.
[본조신설 2021. 4. 13.]

재개발 재건축

초판인쇄 | 2022년 2월 23일
초판발행 | 2022년 2월 28일

저 자 | 장형진

발 행 인 | 이성범
발 행 처 | 문운당
주 소 | 서울시 종로구 혜화로5길 16 (명륜1가 45-3)
전 화 | (02)762-6010
팩 스 | 영업 (02)745-0265 / 편집 (02)762-8758
홈페이지 | http://munundang.co.kr
이 메 일 | 영업 munun2@chol.com
편집 munundang@naver.com

ISBN 979-11-5692-620-7 93360

정가 19,000원